智元微库
OPEN MIND

成 长 也 是 一 种 美 好

聪明人的魔法箱

68个工具快速解决问题

[英] 大卫·科顿（David Cotton）/著　王小皓/译

*The Smart
Solution Book*

68 Tools for Brainstorming,
Problem Solving and Decision Making

人民邮电出版社

北京

图书在版编目（CIP）数据

聪明人的魔法箱：68个工具快速解决问题 / （英）大卫·科顿（David Cotton）著；王小皓译. -- 北京：人民邮电出版社，2021.4
　ISBN 978-7-115-56099-5

　Ⅰ．①聪… Ⅱ．①大… ②王… Ⅲ．①思维方法 Ⅳ．①B804

中国版本图书馆CIP数据核字(2021)第041861号

◆ 　著　　［英］大卫·科顿（David Cotton）
　　译　　王小皓
　责任编辑　王振杰
　责任印制　周昇亮
◆人民邮电出版社出版发行　　北京市丰台区成寿寺路11号
　邮编 100164　电子邮件 315@ptpress.com.cn
　网址 https://www.ptpress.com.cn
　天津千鹤文化传播有限公司印刷
◆开本：880×1230　1/32
　印张：9.75　　　　　　　　2021年4月第1版
　字数：180千字　　　　　　2025年10月天津第8次印刷
　　著作权合同登记号　图字：01-2019-3803号

定　价：68.00元
读者服务热线：（010）67630125　印装质量热线：（010）81055316
反盗版热线：（010）81055315

献给我的挚爱简·科顿、菲利帕·科顿和

维克多利亚·科顿，感谢你们。

我特别喜欢研究如何解决问题。我刚刚参加工作的头几年，遇到过许多老板，其中最为睿智的一位，曾给我好好地上了一课。他说："我付钱给你，不是让你给我提出问题。我付钱给你，是让你拿出最终解决方案。等你有了确定的方案，再来找我。"对于一个职场"菜鸟"来说，他的话让我明白了一个重要的道理。在我此后的职业生涯中，大多数老板更喜欢在诸多解决方案中挑选最佳方案，而不喜欢只有一个解决方案。

《聪明人的魔法箱：68个工具快速解决问题》会为你提供诸多解决问题和做出决策的方法、技巧、思路以及思维方式，这些方法来源广泛，既有传统的解决问题方案，也有创新思维的方法，更有对大型协同合作的指导。

书中概述的许多方法，可以根据实际使用的人数进行调整：既可以供个人使用，也可以供数千人的集体使用。在这些方法中，有些是其他方法经过些许变化之后的产物，有些则可以进行多种变化。作为读者，同时也是这些方法的使用者，你需要做的是选择一种方法，它必须契合你所面临的问题，然后你可以根据现实情况对方法做出调整，为己所用。本书中的所有方法绝不是一成不变的，在解决问题的时候，方法并不唯一，你可以组合各种方法，创造出更为有效的方法。

几年前，欧盟委员会举办了名为"参与领导的艺术"（The Art of Participatory Leadership）的培训课程，我有幸参与其中。"参与领导的艺术"在很大程度上基于"主持艺术"（The Art of Hosting），这是一种利用集体智慧的新方法，无论解决问题和做出决策的团队规模有多大，它都适用。"参与领导的艺术"的核心理念是，依赖少数几个拥有领导头衔的人做出决策，其效果远远不及利用组织严密的集体思维，因为集体之中蕴含思维的真正力量。在许多企业中，位高权重的领导者总是自己去解决企业的问题，然而受到决策影响的员工却无法参与到解决问题的过程之中。"参与领导的艺术"让我大开眼界，课程提供了多种方法，人数众多的团队可以使用这些方法协同合作、解决问题，并且做出对自己及其客户来说真正重要的决策。

解决问题能够带来强烈的满足感，通过协作解决问题本身就能创造巨大的能量。谈到企业的价值观和员工应该具备的胜任力，许多企业都把"团队合作"放在重要的位置上。当人们朝着一个共同的目标一起努力时，参与者内心会产生强烈的情感，那是一种真正的兴奋感，它将人们凝聚在一起，并创造出强烈的情感纽带和团队精神，因此也会为企业带来许多其他附带好处。人们会放下一己私利，开始逐渐意识到，自己单枪匹马或者在公司里组成排他的小团体所取得的成就，与团结成一个集体取得的成就相比，简直不值一提。

本书详述了许多协作解决问题的方法，大多数方法都没有给予占据主导地位、咄咄逼人或者身居高位的参与者更多的话语权。在这些方法中，每位参与者都享有平等的话语权，特别是那些不善言谈的参与者，他们也获得了在日常工作和活动中缺乏的话语权。思想的广泛传播可以产生更具创造性、更加缜密的解决方案，而且这些方案适用的人群也更加广泛。如果你是领导者，那么你需要放下此前的权威，让更多的下属发表意见，当然这需要一定的勇气。

同时，作为领导者，这样也能极大地提升他人对你的尊重。领导者负责发号施令、指挥和控制的时代已经一去不复返。那些依旧坚持这种领导模式的人只会与自己的员工渐行渐远，最终被孤立。新一代的专业人才是千禧一代，他们不会因为上级拥有领导头衔或者处于更高的薪金级别而尊重对方，他们希望老板用实际行动来赢得尊重。在他们的成长环境中，与父母、老师之间的距离已经缩小，对于权威声音，他们可能会取笑、嘲弄，也可能严肃对待。新一代的专业人才视野更广，较之前辈，在相同的年龄段，他们的社会意识更强。而老一辈的职场人往往一心按照自己心中的想法，想把年轻人塑造得和自己别无二致。

年轻一代不太可能在一个组织中停留太久，他们根本不会给别人把自己塑造成克隆品的时间。事实上，在整个职业生涯中，他们会定期更换职业。最近，我为一家大型专业组织举办了一次研讨会。参与者来自组织中的不同层级，有刚刚被任命的助理，也有高级合伙人。其中一位合伙人认为，来参加研讨会的每个人都有且只有一个共同目标，那就是努力成为合伙人。我认为，第一，大部分员工不会长时间在一家企业工作，直到成为合伙人；第二，大部分员工也没有这样的雄心壮志。那位高级合伙人要求大家举手表态。当时参会的约有 30 人，打算成为合伙人的只有 2 人。

无论自身经验处于什么水平，千禧一代都希望参与决策制定的过程，本书中描述的许多方法都能给予他们发声的机会。他们缺乏资深员工的经验，这并不重要——他们具有新颖的观点、乐观的态度。原本决策和解决问题的过程如同一潭死水，年轻人的加入会带来不一样的感觉。同样一件事情，老一辈可能会找出理由，断定它无法实现；年轻一代则可能凭借足够的热情，找到实现目标的方法。

本书提供的方法，可以让组织中各个层级的员工参与解决问题的过程，而且这些方法非常有趣，充满活力，总是令使用者感到意外。另外，书中也不乏一些传统的解决问题的方法。

整本书中，我看似在讨论"业务"问题，实际上这是个统称，涵盖组织面临的所有问题。无论是私营企业、政府部门、慈善机构、社会企业还是志愿者组织，对于本书中描述的方法，都可以原样照搬地使用，也可以根据需要进行调整，从而使其奏效。书中有使用每项方法的示例，示例涉及的领域可能并不是你所在的领域，但是你会发现你可以轻松地根据具体情况进行调整。

在整本书中，我也谈到了"头脑风暴法"（brainstorming）。从本质上看，头脑风暴法只是说出心里的想法，随后并不进行讨论，只是记录下来，如此进行活动直到没有新的想法出现。标准的、传统的头脑风暴法本身效果并不是特别好，你稍后会读到益脑头脑风暴法（brain-friendly brainstorming）的相关内容，读后你就会明白其中的原因，但是头脑风暴法的基本前提正是本书中诸多方法的基础。

我把那些帮助我们解决问题的人称为"参与者"（participants）。在本书中，你也能读到相关的指导，告诉你怎样让他们做好准备，成为得力的参与者！

你在了解每个工具、模型或想法时，会发现我们为你提供了足够的信息，让你了解在实践中应该如何应用该工具，在哪里可以找到更多的相关信息。在大部分情况下，你都可以立即着手在自己的工作中应用刚刚学到的工具。本书中的方法有些是我自己发明的，这意味着本书是它们唯一的出处。

本书将帮助你：

- 正确表述问题，从而成功地解决问题（这样也有利于决策过程）。
- 为最棘手的问题找到解决方案（通常是多种）。
- 无论是自己一人工作，还是与他人协作，都能享受解决问题的过程。
- 提升创造性思维能力，长期坚持，在解决问题时，能够思如泉涌。
- 更加自信地做出决策，因为你知道在做出最终决策之前，你已经探索了所有途径。

如何用好这本书：

- 本书针对解决问题的障碍、表述问题和解决问题的阶段，专门设立了导论，请先阅读这一部分。

- 确定你是要个人解决问题，还是与小型团队或者大型团队一起解决问题。

- 利用本书第一部分：何时使用何种工具。如果你的问题比较宽泛，那么请使用第一个索引表（见表 1-1）：

  ✓ 找出你的问题最适合被分入哪个类别。

  ✓ 查看表右侧诸列，根据参与解决问题的人员数量选择合适的方法。

  ✓ 浏览表格中列出的数个方法，找到最为合适的方法。

如果你的问题非常具体，那么请使用第二个索引表格（见表 1-2），它会给出适合你单独使用（直接使用或者稍微改一下）或与人协作的方法。

切记，你可以对书中的工具和方法进行组合，创造出更有效的解决问题的工具。

我希望你会喜欢这本书，读后有所收获。真诚地欢迎你给出反馈信息，谈谈你的成功、你对书中方法的改良，或者你是如何应用本书中的方法的。

目录
Contents

第一部分

何时使用何种工具

书中的方法，你既可以个人使用，也可以在团队中实行。可能有些读者面对的是小型团队，有些读者则处于人数众多的大型团队之中。考虑到这些情况，我们假设一个小型团队的人数为6 ~ 20人。而大型团队的人数在20人以上。2011年，在特拉维夫举办了有10 000人参加的世界咖啡屋[1]活动。你不需要考虑规模如此巨大的情况（或许现在不需要）……

虽然许多解决问题和做出决策的方法用途广泛，适用于各种各样的问题，但是对于某些问题，个别方法效果更好。在表1-1中，你会看到它们适用于何种问题、工具或者在本书中的方法编号，以及适用的团队规模。

解决一般性问题的工具

书中的诸多工具或方法可以用来解决各种各样的问题，这些方法

---

[1] 世界咖啡屋是由华妮塔·布朗（Juanit Browna）及戴维·伊萨克（David Isaacs）提出的一种在轻松的氛围中，通过弹性的小团体讨论、真诚对话，产生团体智能的讨论方式。在讨论中，参与者可以带动同步对话、反思问题、分享共同知识甚至找到新的行动契机。——编者注

和技巧在表 1-1 中被称为"产生创造性想法 / 通用的解决问题方法"。

本书中介绍的许多工具或方法非常灵活，具体适用规模见表 1-1。

表 1-1　解决一般性问题的工具及适用规模

分类	工具 / 方法	个人	小型团队	大型团队
职业规划	34，45		✓	
	1	✓		
变革管理	1，9，16，25，35，36，39，50，67		✓	
	55，56，57			✓
就解决方案和决策进行沟通	14		✓	✓
冲突管理	16，34，59		✓	
	13，23，24，27，28	✓		
产生创造性想法 / 通用的解决问题方法	3，4，5，8，9，11，12，13，15，16，17，19，21，24，26，27，28，30，31，32，36，52，61，64，65，67		✓✓✓	
	8，26，52，55，56，61，64			✓
	7	✓		
决策制定	3，9，11，12，16，19，39，50		✓	
	55，56，57			✓
	38，54	✓		
架构问题	2，38，47，54		✓	
	54			✓
学习 / 职业生涯发展	48，49，50		✓	
计划制订	3，4，5，9，11，16，19，22，25，35，37，39，46，50，52，63，67		✓✓	
	46，52，55，56，58			✓
流程 / 系统 / 产品设计和改进	20	✓		
	9，10，16，20，21，29，36，51		✓	
	57，66			✓

（续）

分类	工具 / 方法	个人	小型团队	大型团队
项目计划 / 项目管理	9，63		✓	
根本原因分析	20	✓		
	20，32，33，41，42		✓	
利益相关者管理	22	✓		
	22，40		✓	
	40			✓
战略 / 组织设计 /组织发展	3，4，5，9，16，19，34，25，		✓	
	39，52，60，63，67		✓	
	52，55，56，57			✓
解决方案测试	37，43，39	✓		
	10，18，37，39，43，59，65，68，50		✓	
	39			✓
时间管理	6，44	✓		
	44		✓	

解决具体问题的工具

　　表 1-1 列示的索引表着眼于一般性问题。针对更加具体的问题，表 1-2 将帮助你找到解决它们的工具。对于这些工具，有些你可以独自使用，有些需要其他人的帮助。在大多数情况下，即便这些技巧是设计给团队使用的，你也可以很轻松地对它们进行调整，然后独自使用。

表 1-2　解决具体问题的工具

我如何……	工具 / 方法	
	个人	和其他人
知道自己选择解决的问题方向正确	38	
事半功倍地完成工作	44	
知道自己是否科学地利用了工作时间	6，44	
激励自己的团队	23	
知道自己求职的方向是否正确	45	
解决工作中的冲突	34	59
发现工作未能顺利进行的原因	20	
谁会影响自己的计划	22	
保证我们的项目计划顺利实施		49
简化业务流程	20	
面对上司不断地否定自己决策的情况		8，12，52，53，55，56，57
向同事学习		10，48，49
开展变革工作	9	1，16，25
为公司吸引更多的顾客 / 客户	14	
让别人接受我们的想法	14	
设计更好的产品	9	
确保项目计划顺利实施		49
更好地做出决策	7	
从他人视角出发看待问题	11，31	
处理涉及错综复杂人际关系的困难问题	26	26

第二部分

解决问题的要素

解决问题面临的障碍

解决问题具有非常神奇的一面，当你找到一个解决方案时，通常你的直觉会告诉你它是否正确，你会感到它就是你寻求的答案。解决方案的缺点也会自然地显现，包括：

- 期望与现实之间的差距；

- 不符合标准；

- 解决方案需要更改标准；

- 结果或者表现不稳定。

找到问题的解决方案非常困难，其中的原因有很多。表 2-1 是一些常见问题的原因及解决方法（简述），后文中有每个原因对应的更详细的解决方法。

表 2-1　常见问题的原因及解决办法（简述）

原因	解决办法（简述）
有些人没有意识到问题的存在	帮助他们看到新方法的好处，不要评判他们为什么没有意识到问题的存在

（续）

原因	解决办法（简述）
问题很难一次性整体解决	把问题分解为数个小部分
没有很好地表述问题	认真地表述问题
解决问题过于迅速	投入时间收集信息，并研究所有解决方案可能的结果
公司政治	让政策制定者参与进来
占据主导地位的领导者	采取方法弱化他们的声音
对于问题理解不足	在解决问题之前进行深入的研究
参与解决问题的人缺乏经验	解决问题的方法允许参与者提出新的见解
参与解决问题的人经验过于丰富	让经验较少、有新见解的人参与进来
商议对象选择错误	确保让那些受问题影响和将受解决方案影响的人员参与进来
未能传达解决方案	确保询问了或者通知了每个需要知情的人员
试图用提出问题的思维来解决问题	使用可以让你摆脱制度化思维的方法
治标未治本	检查你是否了解问题的根本原因并着手解决它，而不是只解决表面问题
其他人的态度	请看下面的具体内容

让我们来看看详细说明。

有些人没有意识到问题的存在。你可能会遇到这样的情况，有些人拒绝承认问题的存在，因为如实承认可能会给他们带来负面影响，或者解决问题的方法可能会让他们感到不适。我建议你与他们合作，让他们看到新方法的好处，绝对不要评判他们的态度。一些人就是不撞南墙不回头，只有继续目前的方法，遭遇了灾难性的后果，他们才会考虑改变。

问题很难一次性整体解决。我建议你把问题细分为更小、更易切入的子问题，并且确保你始终具备审视全局的视野。

没有很好地表述问题。事情结果如何取决于你关注的焦点。如果你在问题的措辞和表述方面出现错误，那么解决问题的过程势必一波三折。你首先需要确保自己能正确地表述问题。我见过许多公司，投入大量的时间和财力解决一个问题，最终的解决方案极其出色，但是到头来却发现他们需要解决的根本不是这个问题，这种情况屡见不鲜。打个比方，如果有人要求你设计一把椅子，那么你对于"椅子"这个概念的理解就会成为你思维的落脚点。你设计的所有东西都会与你目前对于"椅子"这个概念的理解相关。但是椅子是用来做什么的呢？也许你认为"椅子"应该支撑着使用者，让他处于非常舒适的状态。现在你从"椅子"的定义中解脱出来，把注意力放在"椅子"应该具备的出众功能上。简单一点，你可能会设计出一张吊床；复杂一些，你可能会找到办法，让温暖的空气形成气垫，支撑人体舒适地悬浮其上。在解决问题时，你是在设计解决方案，但是只有当你真正地理解了试图解决的问题时，你才能踏上设计的道路。

与其问为什么购买我们产品的顾客不多，不如问为什么有人买了我们的产品，为什么其他人购买了我们竞争对手的产品。我们在哪些方面做得比较好？我们如何才能充分利用自身的优势？我们的竞争对手在哪些方面做得比较好？我们可以引入他们的哪些想法，改进我们的产品，从而占据更大的市场份额？

与他人共同解决问题之前，甚至是在自己解决问题之前，都要仔细地考虑你表述问题的方式。你可以先迅速地想出表述问题的措辞，然后放在一边，一段时间之后，再回过头来检查表述是否依旧准确。

- 措辞是否抓住了问题的实质？

- 措辞是否过于简单或复杂？

- 如果你没有解决这个问题，结果会如何？哪些事情会发生变化？

- 如果你对问题置之不理，它是否会自己消失？

- 解决这个问题是否会带来其他问题？

解决问题过于迅速。系统思维理论（systems thinking theory）认为，解决问题的方法很可能也是问题再次发生的途径。如果你解决问题的速度过于迅速，缺乏足够的研究，或者对于解决方案的影响知之甚少（不仅是你自己的工作领域，还包括其他领域），那么解决方案带来的弊端可能大于收益。另外，不要把一个悬而未决的问题长期搁置，这样它会变得更加困难或庞杂。

公司政治。很遗憾，理解公司政治对于解决问题极其必要。你可能会找到完美的解决方案，但是最终领导者不允许你实施，因为这与他们的个人观点不符。选择合适的人选，让他们参与到解决问题的过程之中，同时决策方法不能让他们享有比别人更大的话语权，让他们更广泛地听取更受欢迎的观点是一个妙招。

占据主导地位的领导者。本书中提供的许多方法会防止企业中拥有更多话语权、职位更高、占据主导地位的领导者强行推动他人接受自己的解决方案。有的企业领导者总是想处于核心位置，这一点不可避免，但是你可以选择解决问题的方法，让他们在解决问题的过程中并不会拥有比别人更多的话语权。实际上，本书给出的解决问题的技巧，很多都是在沉默中进行的。

对于问题理解不足。虽然在解决问题的过程中我们倾尽全力，但是在着手解决问题时，我们并没有真正清楚地理解问题。针对这种情况，你需要根据目标，提出相关问题，然后收集信息，并且对于那些帮助你解决问题的人，要让他们理解问题与他们的关系。

参与解决问题的人缺乏经验或者经验过于丰富。在挑选一同解决问题的人员时，你必须谨慎。参与解决问题的人知识（经验）过于丰富或者知识（经验）太少，各有利弊，如表 2-2 所示。

表 2-2　参与解决问题的人缺乏经验或者经验过于丰富的利弊分析

	优点	缺点
太少	带来的新见解、新想法不受标准方法和公认观点的限制	需要做很多准备工作，才能让他们达到可以提供帮助的水平
较多	他们理解行业背景、术语行话和潜在规则	他们很难摆脱固有的观念和公认的标准方法。他们"知道"答案，不会考虑其他可能

商议对象选择错误。如果你不咨询那些受问题影响的人，你可

能不会完全理解它。如果你不咨询那些将受到解决方案影响的人，你可能会疏远他们，并造成比你开始解决的问题更大的问题。

未能传达解决方案。单单解决问题是不够的，你需要把解决方案传达给那些可能会影响它和可能会受它影响的人员。在这里，你必须开拓思路，涵盖尽可能多的人，因为表面上，通常一个看起来微不足道的问题和它对应的解决方案与决策，很可能会产生深远的影响。

试图用提出问题的思维来解决问题。在加入一个组织后，我们的思维很快就会制度化。如果解决问题的思维和提出问题的思维相同，那么解决问题的思维、措施和设想都与问题提出者如出一辙，这样，你解决问题的希望非常渺茫。本书介绍了各种方法，帮助你挣脱提出问题者的设想，自由地去探索其他可能。

治标未治本。单循环学习（single loop learning）只对问题的表现进行处理，我们认识到存在一个问题，然后解决问题。双循环学习（double loop learning）探索问题的根源，发现导致问题发生的某些控制因素或流程错误，然后解决它们。如果你在工作中遇到棘手的问题，你要探索它出现的原因，对它的发生原因了然于胸，甚至可以自己重新制造这个问题，然后你就能明白应该如何解决问题，这样问题就不会反复发生。多年来，我手下有一支国际培训师团队，当成员犯错时，我会感谢他们，并且询问他们错误发生的原因。他们会感到非常惊讶，但是我的初衷是，错误的发生暴露了我们的工作流程存在漏洞，我绝不会警告他们不要再犯错，我会感谢他们暴露了我们工作方式的不足。我们发现了问题的根本原因，加以解决，并且将最终结果作为最佳实践案例进行分享。

其他人的态度。 典型的例子如下。

- "我们一直是这么做的。"
- "你不能这么干。"
- "这太昂贵了。"
- "今年我们没有编制这方面的预算。"
- "这不是我们的工作内容。"
- "差不多就行了。"
- "我们时间有限。"
- "我们腾不出人手来干这个活儿了。"
- "老实说，这不是我们的问题。"

不能指望仅凭一种方法就转变所有人的态度。首先，你要留意他人的态度，准备好反驳对方的观点，让他们认识到，如果问题得不到解决，他们会遭遇何种损失或困局。比如，有人会因为得知自己的职业声誉可能受损而转变自己的态度。他人的态度各有不同，你必须针对每个人的实际情况进行处理。

不要过于自负，一定要告诉别人你为了成功解决问题或者做出好的决策，做了什么。与他人分享经验，可以帮助他人思考出较好的甚至最佳实践方案，这样他们也能复制你的成功。

虽然在解决问题的过程中，让经验丰富的人参与进来非常重要，但是也要考虑让经验较少的人员加入团队。他们可能会带来新鲜的想法和见解，这些新鲜的想法和见解是那些"知道答案"的资深人员考虑不到的。通常，你会发现你的对手是所谓"这不是我们做事的方式"综合征，本书介绍的协作方法将有助于打破这些根深蒂固的想法。

我们在前文已经提及，表述问题的方式对于未来的解决方案会产生极大的影响。让我们花点时间，看看如何表述问题。

表述问题

据称，爱因斯坦说过："如果我用一小时来解决一个问题，我会花 55 分钟思考问题本身，然后花 5 分钟给出解决方案。"

接下来，我介绍一个可以迅速上手，但并不算精细的方法，以此设计并且表述问题。这样，你就能顺利地设计出问题。

40-20-10-5。首先用 40 个词表述你的问题，然后把它删减到 20 个词，其次是 10 个词，最后是 5 个词，这样才能找到问题的真正根源。有时，通过简洁地表述问题，也能够看出问题解决方案的端倪。

收集信息。在开始解决问题之前，你要确保自己掌握了所有的信息。当问题比较抽象或模糊时更是如此。收集了关于问题的信息之后，在表述需要解决的问题时，要尽可能地具体。在收集信息时，你可以考虑使用下面这个框架（见表 2-3）。

表 2-3　收集信息的框架

序号	问题	重要性	紧迫性	趋势 / 频率
1				
2				
3				
4				

问题：问题的本质是什么？

重要性：问题有多严重？（例如，从成本、质量、安全和一致性方面考虑）

紧迫性：在导致更严重的问题之前，问题是否需要尽快解决？

趋势 / 频率：问题时而发生或频繁发生？情况是越来越好、保持不变，还是越来越糟？

对问题重新措辞。不断地选择表述问题的措辞，直到你感到切中要害，能够真实地传达你想做的事情。例如，你最早提出的问题是："我们该如何招聘最优秀的员工？"随后，你对动词"招聘"做出调整，比如改为"吸引"。"招聘"听起来沉闷、生硬，在这个过程中，应聘者需要填写各种表格和进行多次面试。"吸引"显得更加令人兴奋、更加诱人。你认为哪种形式的问题能催生创造性的解决方案？

挑战固有假设。当然，要挑战固有假设，你必须了解它们。表述问题，然后自问自答，哪些是事实，哪些仅仅是你自己的假设。例如，你的团队成员经常达不到他们需要达到的目标。如果你专注于让他们严格地遵守制度，服从领导，力图让他们达到预设目标，实际上这一举动的前提是你假设公司的制度和领导是正确的，是适当的。然而，你可能会忽视制度和领导者本身就存在问题。（你可能还会忽视你自己也存在问题！）

解决错误的问题会花费大量的时间和精力。我在培训和发展业工作多年，经常有人请我做培训需求分析（training needs analyses）。培训需求分析的关键在于，它假设企业存在问题，而解决问题的答案是培训。事实上，真正的答案可能是部门改组、更换经理、调整甚至修改公司规章制度或工作流程。这些是企业自身的问题，而非培训能解决的问题。我非常乐意制定一份企业需求分析，根据企业的需求给出解决方案，距离我上次制定培训需求分析已经十多年了，因为我不想从一开始就让我和客户的思维误入歧途。

开阔视野。如果关注的内容细碎，视野狭小，你可能会忽视导致问题的更高层次的原因。通过关注更高层次的目标，为下一步的行动注入动因，你可能会发现问题的根源并不在你所关注的层次上。同样，也可能你看待问题的层次过高，你需要对问题的细枝末节进行深入的了解。

缩小视野。如果拓展视野没有找到问题的根源，你可能会发现，看似覆盖内容广泛的问题，其根源却非常细小具体。汇聚关注的焦点，看看有何发现。

转换视角。我们倾向于从单一视角出发看待问题。不妨从另外一个视角来看待问题，甚至从别人的视角出发，这样你很可能会对问题的本质产生全新的见解。可能无须劳神费力，你就能看出解决问题的方法。

用问句表述问题，而非陈述句。比如，"我们卖出的部件数量太少。"这是一个陈述句，应该用问句"我们如何才能卖出更多的部件？"或者"我们如何才能在零部件市场中占有更大的份额？"这样可以丰富思路。

不要想柠檬　　好的

用肯定句来表述问题。否定词只是语言技巧，不是我们能真切体验到的内容。如果我对你说"不要去想柠檬"，你的自然反应就是在脑海中勾画出柠檬的画面，这恰恰是我不让你想的东西。我非但没有把"柠檬"这个概念从你的脑海中移除，反而植入了这个我不想让你思考的概念。问题不应该是"为什么团队没有动力"，而应该是"我们怎样才能帮助我们的团队成员更有动力"。可能你也注意到了，这个问题并没有笼统地把团队视作一个定义含糊的整体，仅凭单一的方法就可以激励团队，我们提到了"团队成员"，肯定了每个成员需要不同的驱动因素。

彻底改变。如果解决某个问题让你费尽心思，可以考虑假设是你，你会如何制造这个问题，或者真的去制造这个问题。比如，与其思考如何减少交通事故，不如考虑一下大家制造交通事故的所有方式；然后根据这些方式，激发你的思维，考虑如何减少交通事故。创新性思维的诞生是从完全不同的角度思考问题的结果。全世界的城镇中心总会布满交通标志，2008 年，德国小镇博姆特得到欧盟许可，拆除了镇上的道路标志。驾驶人只需要遵守两条规则：一是限速规则；二是右行规则。无论汽车、行人，还是骑自行车出行的人员，都是如此。自那以后，小镇上交通事故的数量大幅下降。在英国、丹麦、比利时和荷兰也有类似试验，结果交通事故的数量都大幅下降。有时，取消规则限制意味着人们会三思而后行，行为更加合理。如果你想通过更换领导者，改变工作流程或者修订企业制度，那么可以考虑是否可以通过移除前述这些控制因素，实现目标。

使用 SCAMPER 核查表。SCAMPER 这个工具是一个简单的核查表，方便我们创造性地思考问题。SCAMPER 代表 7 种方法，即替换（substitute）、组合（combine）、修改（adapt）、缩放（modify，放大或缩小）、移作他用（put to other uses）、删除（eliminate）、重新排列或颠倒反转（rearrange or reverse）。解决问题时，并不是这 7 种方法每种都要用到，但可以根据具体情况选择最合适的方法。假设目前我们面对存在问题的工作流程、企业制度或者任何需要解决的问题，我们称之为元素 X。

替换：是否可以用某个元素代替现有的元素 X ？

组合：是否可以组合两个或更多元素 X 来创造有用的事物？

修改：是否修改元素 X 的哪些部分可以解决问题？

缩放（放大或缩小）：我可以缩放元素 X 的哪些方面？放大或者缩小它的某部分是否可以解决问题？

移作他用：他山之石，可否攻玉？元素 X 的哪些部分可以用在其他地方，帮助我们解决问题？

删除：是否可以去掉元素 X 的某个部分，使其高效运转？

重新排列或颠倒反转：是否可以把元素 X 的各个部分重排顺序？如果我颠倒元素 X 中的子元素，它能否运转得更好？

应用 SCAMPER 解决问题，你会发现问题迎刃而解。

聚焦。面对一系列相关问题，切记把焦点汇聚在核心问题或关键问题上，思考整个问题中的某个元素是不是临界点。通常情况下，通过解决一个小问题，相关的一系列问题会随之减少甚至消失。例如，团队的表现没有达到应有的水准，员工患病的情况高于平均水平，成员未能实现他们设定的目标。组织认为一次团队建设活动可以鼓舞士气，重组团队，提升绩效。然而，真正的问题其实是他们的经理，这位经理是因为技术水平卓越而得到提拔，走上管理岗位的，但他的管理知识匮乏甚至几乎为零。培训或更换经理，其他问题也就随之消散。想象每个问题都有属于自己的时间轴：学会把关注点从现在的问题转移到问题出现之前的时间，并且学会展望未来，确定问题产生的长期影响。

解决问题的阶段

解决问题通常分为 6 个阶段，如图 2-1 所示。

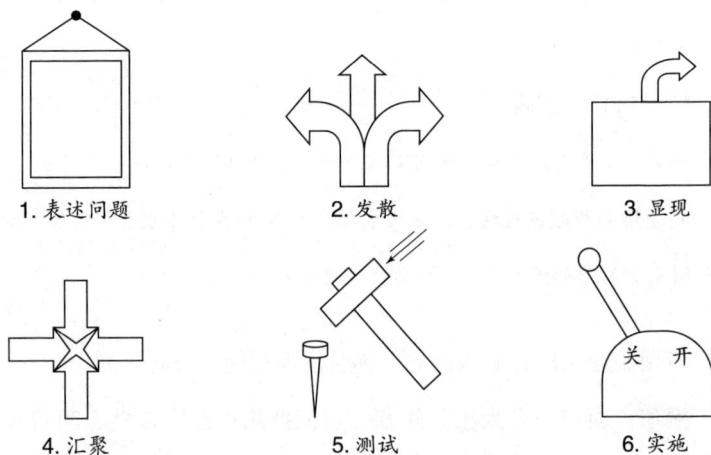

1. 表述问题　　2. 发散　　3. 显现

4. 汇聚　　5. 测试　　6. 实施

图 2-1　解决问题的 6 个阶段

本书中的许多方法都遵循这些阶段，有时会重复某个阶段以便更加深入地研究问题。

表述问题

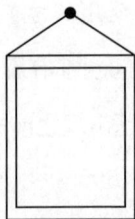

　　表述问题的方式必须抓住问题的本质，必须让寻求解决方案的人员能够轻松地理解问题。

发散

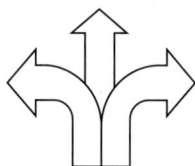

　　对许多人来说，发散阶段有趣且具有创造性，是探索各种可能性的阶段。在这个阶段，不会得出明确的解决方案。如果引导得当，我们会发现这个阶段提出了许多问题，而问题又打开了学习的大门。显然，这个阶段需要强有力的引导，因为在看似杂乱甚至狂野的表面之下，需要遵循一定的方法，让参与者始终保持正确的方向，确保他们始终围绕需要解决的问题进行发散，同时也允许他们围绕某个主题，自由地展开与问题相关的创新性联想。

显现

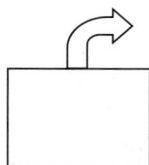

在显现阶段，混乱之中，一些有序的内容开始出现。开始显现的答案可能只是模糊、朦胧的想法，未经过深思熟虑，但是已经开始逐渐揭示答案。在这个阶段，确保解决问题的参与者牢记他们行动的初衷，避免在解决错误的问题或者其他问题上投入大量的精力，这非常重要。因为如果发生前述情况，会令那些想要迅速取得结果的人员感到沮丧。

汇聚

在汇聚阶段，解决问题的参与者逐渐达成共识，得出最佳的解决方案。这个阶段可能会包含评估不同的解决方案，对关键想法总结和分类，提出行动建议。

测试

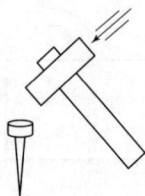

在测试阶段，检查解决方案是否有效。有时，可能需要在广泛应用之前，在小范围内进行测试。通常情况下，你凭感觉就能知道解决方案是否有效。

实施

最终，你将解决方案付诸实践。

准备以团队为单位解决问题

你要求一群人共同解决问题时，你的邀请会让他们承担如下风险：

- 如果个人的想法不被别人接受，会让自己看上去或者感觉上很愚蠢；

- 对于提出的建议，你的组织可能无法接受；

- 在解决问题的方法上，向公认的观点提出挑战；

- 要彻底改变传统的办事方法和流程；

- 发现自己与其他人过去做事的方式缺乏效率甚至失当。

在解决问题时，我们必须对参与者的问题保持敏感。解决问题往往会导致变革，而受到变革影响的群体会做出相应的各种反应（见表 2-4）。

表 2-4　受变革影响做出的反应

态度	具体反应	表现
主动接受	受到影响的群体对新的工作方法十分满意，并且准备发声，明确地表示他们接受变革	棒极了！
被动接受	受到影响的群体乐于以新的方法开展工作，但是并没有发声表明，他们悄然开始，做好他们必须做好的工作	好的。
漠不关心	受到影响的群体并不在乎新的工作方法。此前他们已经目睹了太多的变革，又一次这样的经历不会改变他们的态度	无所谓！
主动抵制	受到影响的群体发声，明确表达他们对新的工作方法的不满，反对采取新的工作方法	（嘘声）不！

（续）

态度	具体反应	表现
被动抵制	受到影响的群体对于采取新的工作方法只是口头赞同，实则悄悄忽略，甚至暗中破坏	好的，但是我这辈子是不会这么做的……

　　如果你能确定受到影响的每个人分别属于哪个类别，那么应对他们的反应就会比较容易。不要期望改变工作方式和方法、公司制度、管理流程、行为方式时，每个受到影响的个人都能欣然接受。随后，我们会在实施解决方案的章节详细讨论员工对变革的各种反应。

所需设备

　　本书中的大多数方法，仅需纸、笔、活动挂图或电子黑板、马克笔，有时可能会需要普通便利贴或圆形彩色便利贴。

　　每个章节都会有文字提示你需要准备哪些物品。全书的重点在于思考问题的方法，而不是通过技术手段去解决问题。

第三部分

魔法箱中的 68 个工具

工具 1 力场分析和图形力场分析

这是一个什么样的工具

力场分析这个名字略显晦涩高深，它其实是一张列表，记录了头脑风暴思考的内容，分为两栏：一栏记录有助于变革实施的推动力，另一栏记录变革可能会遇到的障碍。在原始状态下，这个列表并不涉及分析，仅仅是列出相关的想法。

当我们通过图形或数字给这些想法附上权重时，它便成为一个强而有力的工具，向我们表明我们应该把管理的重点放在哪些方面，从而实现变革。对于这个工具，可以个人单独使用，也可以由一起工作的小型团队使用，但是要想取得最佳效果，最好由个人使用，或者由 6 人及 6 人以下的小型团队使用，而且团队成员的职责并不重叠。这个工具是由社会心理学先驱库尔特·勒温（Kurt Lewin）发明的。

何时使用

组织计划进行变革，导致它们失败的最大原因就是那些受到变革影响的员工感到他们在变革中没有话语权。在变革过程中，应尽早地使用力场分析，对于直接受到变革影响的员工，组织应尽可能让他们全部参与到力场分析之中。组织制订高级别的变革计划之后，也可以使用力场分析，确定计划中步骤的优先次序。

需要什么

- 活动挂图、绿色和红色的记号笔。
- 一支水性笔或铅笔。

如何使用

把活动挂图划分为 3 列，两列较宽，分列左右，一个较窄，位于中间。左边一列顶部写上"助力因素"，右边一列顶部写上"障碍因素"。在中间较窄的一列文字竖排，简要描述提议的变革。

开展头脑风暴，团队成员想出所有可能有助于变革工作的内容，把它们填入左边一列。填入的内容可以是已经存在的、可以直接利用的事物，也可以是目前不存在，但是如果实施，就可以促成积极变化的事物。你可以选择区分"助力因素"的两种内容，比如用星号标记已经存在的助力因素。在这个阶段，团队成员不应该进行讨论，除非需要讨论如何分类。

开展头脑风暴，团队成员想出所有可能让变革实施变得困难的内容，把它们填入右边一列。同样，你也可以区分已经存在的变革障碍，以及可能出现或预期会出现的变革障碍。你还可以返回"助力因素"一列，加入任何新的想法，对于"障碍因素"一列，也是如此。

例如，想象一下，你正在进行头脑风暴，思考如何提高员工的积极性。注意，你并不需要把左边的"助力因素"与右边的"障碍因素"对应起来，两列内容相对来说，是独立的，尽管实际上有时候一列中的内容观点会与另外一列中的内容观点恰恰相反。

你可以使用绿色记号笔，给每个"助力因素"标注权重（强度），方法是在每个因素下面绘制箭头，箭头的方向指向中间。箭头的长度（分为：短、中、长）表示这个想法的强度。或者，你可以给每个因素打分，表明它的相对强度。

你可以使用红色记号笔，给每个"障碍因素"标注权重（强度），同样在每个因素下面绘制箭头，箭头的方向指向中间。箭头的长度（分为：短、中、长）表示这个想法的强度。或者，你可以给每个因素打分，表明它的相对强度。

例如，一个团队开展头脑风暴，思考提升团队积极性的助力因素和障碍因素，结果可能如图3-1所示。

然后，依次研究每个"助力因素"，讨论如何利用它们，让变革过程变得更容易。首先，从那些长箭头标识的内容开始，然后考虑是否可以增加那些中、短箭头的长度，思考并勾画出现在已经存在的助力因素或者比较容易获取的助力因素。

随后，专注于思考"障碍因素"，探索如何减少或者完全清除它们，从而让变革过程更有效。与之前一样，从长箭头开始，然后是中等长度的箭头，最后是短箭头。

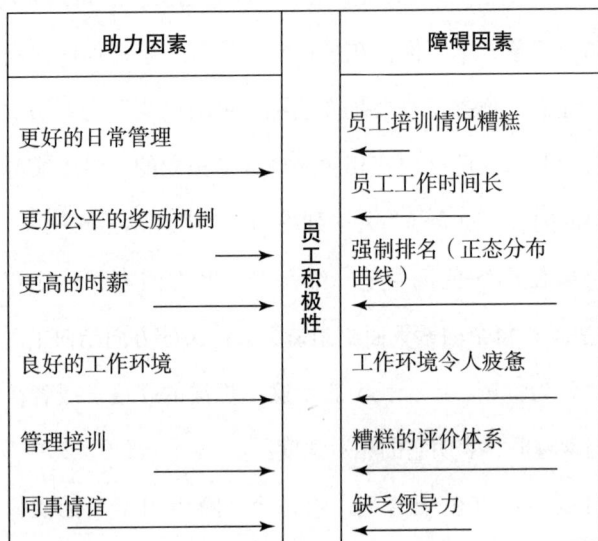

助力因素		障碍因素
更好的日常管理		员工培训情况糟糕
更加公平的奖励机制	员工积极性	员工工作时间长
更高的时薪		强制排名（正态分布曲线）
良好的工作环境		工作环境令人疲惫
管理培训		糟糕的评价体系
同事情谊		缺乏领导力

图 3-1　力场分析示例

变化

1. 分组版：两个小组进行力场分析。首先，两个小组各用一幅活动挂图，第一组列出"助力因素"，第二组列出"障碍因素"。然后，小组交换活动挂图。第一组针对第二组提出的"障碍因素"寻找解决方案，第二组针对第一组提出的"助力因素"思考利用方法。最后，两组成员交流分享彼此的想法。

2. 图像力场分析：团队分为两组进行力场分析，不要写出文字内容，而是画图。通常情况下，这可以更好地调动人的大脑的创新能力，可以产生更具创造力的想法。每个小组留下一人，站在他们的活动挂图旁边，其余人互换小组。写出"助力因素"的小组必须首先解释"障碍因素"小组的图片（"障碍因素"小组依旧站在挂图旁边的成员可以提供帮助），然后思考如何减少或者去除图片所代表的障碍因素。写出"障碍因素"的小组必须解释"助力因素"小组的图片（"助力因素"小组依旧站在挂图旁边的成员可以提供帮助），然后思考如何利用这些因素。之后，团队全体成员进行分享与讨论。

注意要点

我们会认为那些标有最长箭头的内容是最难解决的问题。在实践中，你可能会发现，消除短箭头标注的障碍因素，那些看似更加困难的问题便会自然而然地解决，有时候是部分得以解决，有时候甚至会完全消失。有时候，最细小的问题恰恰是临界点或者撬动全局的支点，解决了这个问题，其他问题会随之消失。比如，生产率下降或者销售量下跌可能是由某个人直接或者间接导致的，把他转到更适合的岗位之后，更显著的大问题也会随之解决。

| 工具 2 | 递进问题法 |

这是一个什么样的工具

问题打开了探索和创造的大门，然后答案又将其关上：通常，我们认为问题已经得到解决，就会停下探索的脚步。递进问题法是一个强有力的工具，可以帮助个人或团队在探寻解决方案之前对问题进行深入的研究。事实上，如果使用得当，对于正在探索的问题，这个工具可以提出此前从未被考虑过的相关问题，改变使用者对问题本质的认识。

何时使用

- 进行变革规划，探索问题或尝试解决困难问题的早期阶段。

- 当某位同事遇到难题，需要新的思路来解决问题时。

需要什么

- 几张纸。

- 两张椅子相对而放，中间留出一些空间。

如何使用

这种方法适合 1 个或多个 5 人左右的小组使用，效果最佳。

1. 一名成员（发起人）在一张纸上写出他们没有找到满意答案的问题。

2. 发起人把纸放在地上，坐在其中一把椅子上，把问题读一遍或两遍，注意力集中在问题上，低头盯着地板上写有问题的纸张。

3. 其他人站在椅子周围，同样也在对问题进行思考。

4. 如果在初始问题的提示下，有人提出新的问题，他们可以坐在另一把空着的椅子上大声地问出自己的问题。任何人都不要试着回答他提出的问题，参与者的任务仅仅是提出越来越多的问题。任何人都无须解释自己问题的合理性，也无须解释为什么他们会根据前一个问题提出现在这个问题，参与者必须肯定问题对于提问者来说是有意义的。

5. 在任何时候，任何人都可以轻拍其中一位坐在椅子上的参与者的肩膀，然后取代他的位置。当坐着的人肩膀被拍打时，他必须站起来，给拍打他肩膀的人让座。

6. 一旦就座，参与者必须提出一个或多个更深层次的问题。

7. 持续提出问题，直到所有人都没有问题为止。

8. 此时，发起人应该写下最后一个问题，读出初始的问题以及最后一个问题。

最终参与者可以看到，最初的问题通过一系列其他问题，转变为乍听之下似乎与最初问题无关的问题，这其中蕴含令人难以置信的强大力量。通常情况下，最终的问题比最初的问题更具深度、更有力量，对于最初的主题，也启发了新的思考。有时，中间的过渡性问题也可能产生新的思路，让参与者对初始问题产生深刻的理解。提出初始问题的发起人应该选择性地记录一些过渡性问题。

变化

在参与人数更多的大型活动上，这个工具可以作为分组活动的方法。比如，部分参与者在大会上提出了自己想要探索的问题，每个问题都与活动的主题有关。对他们问题感兴趣的其他参与者可以与他们一起，组成讨论小组，每个小组可以使用这种方法对他们的问题进行探索。在全体活动上，此前提出问题的参与者只需要读出他们最初提出的问题和他们小组讨论的最终问题。这些问题会产生极好的反响。

如果活动顺利，达到最佳效果，最终的问题会让所有参与者大吃一惊，并以此为基础，使用本书中其他的工具和方法进行进一步的讨论。

注意要点

确保参与者做到以下两点。

- 不试图回答提出的任何问题，只专注于根据对方提出的问题，提出新的问题。

- 不要因为觉得这个问题与此前的问题不相关，而对某个问题持批评的态度。在提出问题的人看来，它是切题的。

工具 3   仪式性异议（仪式性赞同）

这是一个什么样的工具

提出问题的人通常对问题本身和可能的解决方案认识僵化。仪式性异议（ritual dissent）是认知边缘（Cognitive Edge）公司的戴夫·斯诺登（Dave Snowden）开发的方法，这种方法可以让一群人围绕问题展开讨论，而提出问题的人可以抽身出来，倾听他人的讨论，而不进行干预。卓有成效的讨论可以让提问者获得新的见解，可以说，如果提问者参与了讨论，他就无法获得这些深刻见地。

仪式性异议的好处是提出问题的一方没有机会就某个想法进行辩解。虽然这看起来似乎是缺点，但是它阻止了提问者固守某个想法，任由对它投入情感较少的其他人对问题进行彻底探讨。这样，提问者能够听到关于问题的其他观点，避免在思考问题的时候陷入毫无意义的争执，这种争执纯粹是出于根深蒂固的偏见。这样，提问者便可以提炼问题、发展问题，甚至可能完全解决问题。

虽然本方法可以单独使用，但是它也同样适合与其他方法组合使用，评估大型多方会议中的想法，效果良好。

如何使用

- 测试提案或想法。

需要什么

- 一张桌子和几把椅子。

如何使用

小型团队的使用方法

相对较小的团队（比如，6 ~ 8人的团队）在讨论某个想法时，可以使用本方法。

1. 团队成员围绕桌子坐下。

2. 提问人也坐在桌子旁边，提出某个想法或观点支持某事（例如，支持某项变革，支持用新的方式开展某项工作）。通常，提出问题的人可以用3 ~ 5分钟来阐述自己的想法。

3. 提问者调整椅子的方向，背对着桌旁的其他人，而其他人则可以猛烈地抨击他的想法（表明自己的不同意见），想方设法改进想法，或者在给定的时间内（比如，10 ~ 15分钟）提出更好的想法（提出自己赞同的意见）替代原有想法。

4. 提问人不允许参与讨论，只能聆听讨论内容，从中学习，在需要的时候记笔记。

5. 提问人可以选择在讨论结束后暂且离开小组，以便消化其他成员发言的要点，稍后回来讨论其他成员的发言给他带来的收获。

大型团队的使用方法

大型团队对许多想法进行讨论时，可以使用这种方法，团队的规模要足够大，至少可以分为 3 个小组，每个小组 3 ~ 5 人。

1. 大型团队分为人数大致相等的小组。

2. 每个小组的成员坐在自己的桌子旁，各组的桌子之间留出应有的空间，保证每组讨论的声音不会影响其他组的成员，避免其他小组听不到自己组内的讨论。

3. 每个小组的成员都专注于针对问题或议题提出解决方案。

4. 每个小组指定一位发言人，能够从容地代表小组发言，面对其他组对自己小组的批评。

5. 发言人有一定的时间进行准备，总结本小组的想法，准备简短的发言。

6. 每位发言人要站起来，走到顺时针方向上的下一组，坐到该组发言人走后留下的空座上。

7. 发言人向换组之后的小组陈述自己小组的想法。时长为 3 ～ 5 分钟。

8. 陈述时间结束，发言人转动椅子，背对该组成员，然后该组成员在限定的时间内（比如，10～15分钟），猛烈地抨击这个想法（表明自己的不同意见），想方设法改进想法，或者在给定的时间内（比如，10～15分钟）提出更好的想法（提出自己赞同的意见）替代原有想法。

9. 发言人不允许参与讨论，只能聆听讨论内容，从中学习。

10. 讨论结束后，发言人离开该组，移步到会议室的中心区域，等待所有小组的讨论结束。

11. 所有发言人回到他们自己的小组，讨论他们在这个过程中学习到的内容。如果发现有重要的想法，可以在全体活动时提出。

变化

如有需要，你可以重复这个循环，具体操作如下。

- 发言人可以加入另外一组，表达本组观点，聆听他们的讨论。
- 根据发言人上一轮从其他组获得的反馈意见，每个小组可以继续思考他们的想法，然后换一名组员作为发言人，到另外一组陈述本组改进后的想法。

注意要点

- 提问人或发言人要有耐心，经得起批评。

- 如果每个小组的成员较多，每组除了派出一名成员作为发言人，还可以派出一名成员与发言人一起去其他组，负责记录讨论内容。

- 在引导仪式性异议活动的过程中，不要插手会议中讨论的内容，引导师的角色仅仅是促成和引导活动。

- 可以考虑小组成员的构成：他们应该具有不同的经验，持有不同的观点；还是应该经验水平类似，观点看法也趋同。

工具 4　　益脑头脑风暴法

这是一个什么样的工具

不知你是否有过这样的经历，在实施头脑风暴法时，你心想"这些想法毫无新意，我自己一个人也能想出来"，更令你沮丧的是，会上有一两个占据主导地位或者职位较高的参会者极力地表达自己的观点，完全不顾那些默不作声的参会者——虽然他们的想法可能更合理，但是因为他们缺乏自信，不敢说出自己的主张，所以鲜有发言的机会。

大脑最擅长在潜意识层面解决问题，当我们没有思考问题时，经常会有"没错，这就是答案"的顿悟一刻。通过益脑头脑风暴法，并结合名为PMI（plus，minus，interesting）的方法，我们可以筛选头脑风暴法中的想法，克服前述两个问题。

何时使用

- 解决问题或做出决策时。

需要什么

- 一幅活动挂图，绿色、红色、中性颜色的记号笔各一支。
- 一个计时器。
- 记录员（负责把团队的想法写在活动挂图上）。

如何使用

1. 表述需要解决的问题或需要做出的决定。确保所有参与者都清楚地知道要解决什么问题或需要做出何种决定。

2. 开始头脑风暴，时间为 2 分钟。可以找团队成员为团队计时。有人说出自己的想法时，把它记录在活动挂图上，团队成员不要对此进行讨论。

3. 暂时停下，花费一两分钟的时间讨论与问题完全无关的内容。

4. 重新表述需要解决的问题或需要做出的决定。

5. 再次开始头脑风暴，有人说出自己的想法时，把它记录在活动挂图上。

你会发现最具创意、最有助于解决问题的想法，总是出现在短暂的休息之后。其实在休息的时候，参与者的潜意识依旧在思考刚才的问题，从过往的经验中寻找更好的答案。

　　头脑风暴活动中总是有参与者表现突出，占据主导地位，或者由职级较高的参会者掌控。想要解决此类问题并且迅速得到一系列值得进一步探讨的想法，需要做以下 3 项活动。

1. 头脑风暴活动结束之后，请全体团队成员对记录下来的每个想法举手表决。如果大多数人认为某个想法值得进一步探讨，那么用一个绿色的 +（加号）标记。

2. 如果大多数人认为某个想法不值得进一步探讨，就用红色的 −（减号）标记。在这个过程中，不允许任何人对某个想法进行任何讨论或辩解；一旦想法被大家否决，此后就不对它进行讨论。

3. 如果大家认为某个想法非常有趣，但是并非与现在讨论的问题密切相关，用中性颜色的记号笔写上一个字母"I"标记，I 是英语单词interesting（有趣的）的首字母大写。

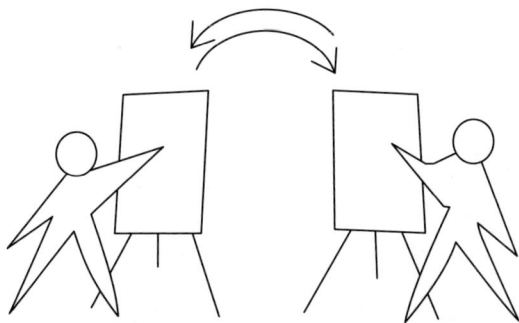

PMI 方法是爱德华·德·波诺（Edward de Bono）发明的，同时它也可以被用来催生新点子。使用这种方法，很快就能找到一系列值得讨论的内容，而且想法不会因提出想法者位高权重而得到偏重。

变化

如果你的书写速度跟不上团队成员提出观点的速度，成员很快就会因为要放慢节奏而失去积极性。当参与头脑风暴活动的人数较多，比如超过 12 人的时候，记录员的书写速度就很难跟上大家提出想法的速度。所以需要多幅活动挂图，再找一两名记录员，协同工作，记录大家的想法。某次，我们的团队成员大约 30 人，活动有 4 位记录员和 4 幅活动挂图。每位记录员轮流记录想法，比如第一位记录员记录大家提出的第一个想法，第二位记录员则记录第二个，依此类推。这让我们能够连续不断地提出观点和想法，保持团队的积极性。

工具5	逆向头脑风暴法

这是一个什么样的工具

标准头脑风暴法的焦点在于如何解决问题，其缺点在于我们在进行头脑风暴之前，已经对哪些方法可能行之有效有了先入为主的概念。逆向头脑风暴法的焦点在于如何制造问题。首先确定哪些做法可能会产生错误，然后以头脑风暴法为起点，思考如何改正错误。

何时使用

- 如果在讨论某个问题可能的解决方案时，产生的答案总是缺乏想象力。

- 如果对于某个问题，此前大家的解决方案总是比较糟糕甚至完全错误，现在你试图正确地解决问题。

- 如果团队成员长期以同样的方式处理某事，从来没有考虑过可以用不同的方式解决问题或取得更好的效果。

需要什么

- 活动挂图。

- 几支记号笔。

- 一名记录员。

如何使用

本方法对于 6 ～ 12 人的团队效果最佳。

1. 表述需要解决的问题。

2. 要求团队成员说出问题产生的所有途径。

3. 在活动挂图上写出每种途径。

4. 如果团队成员没有新的想法，要求团队成员根据问题产生的途径，
   思考能够切实解决问题的方法。

举例如下（见表 3-1）。

问题：我们怎样才能改进我们呼叫中心提供的服务呢？

表 3-1　逆向头脑风暴法示例

头脑风暴得出的内容	由头脑风暴内容激发的解决方案
未对员工进行培训	培训员工
接起电话前，让客户等待很长时间	铃响第三声之前接起电话
雇用的员工缺乏语言技能	在雇用员工前测试其语言技能
人手严重不足	雇用充足的人手，保证服务质量

（续）

头脑风暴得出的内容	由头脑风暴内容激发的解决方案
以接电话的数量来评判员工工作的优劣	从速度和效果两方面评判员工的服务质量
对待来电人员粗鲁无礼	对待来电人员彬彬有礼
员工之间不会分享并讨论遇到的问题、未来的趋势以及解决方法	员工之间就遇到的问题、未来的趋势以及解决方法进行交流，避免重复工作，浪费时间

团队使用 PMI 方法（参照工具4）确定哪些内容值得进一步讨论，可以通过投票或者排名的方法确定优先讨论哪些内容。

注意要点

逆向头脑风暴法非常有趣，就像孩子们喜欢推翻他们自己做的东西，成年人也喜欢推翻想法。因此，使用本方法存在一个缺点，就是个别参与者为了达到活动效果而不是为了解决问题说出的想法有可能跑题，需要留心这种情况，把他们拉回正轨。

同时，活动组织者也要小心地引导参与者，不要让他们只是简单粗暴地推翻头脑风暴得到的想法。只是字面上的"逆向"，可能会奏效，也可能会失效。在使用这个工具时，团队成员要用头脑风暴法来激发思考，而不是仅仅写出与最初想法相反的内容。

工具 6　　拖延法

这是一个什么样的工具

这可能是本书中最令人惊讶的想法——你居然有可能通过拖延法（把事情推迟到晚些时候）解决问题。有人认为，最有创造力的人不是努力找到快速解决问题的方法，而会沉浸在问题之中，持续一段时间，然后放下问题，等有更大的压力迫使他们解决问题的时候，他们再来解决问题。这样可以取得良好的效果，原因包括以下两点。

1. 在压力之下，我们的思维必须比平时更加敏捷。

2. 当我们让自己的潜意识在后台解决问题时，效果反而更好。潜意识会通过你记忆的内容寻找类似的情况以及对应的解决方案，决定眼前问题最有可能的解决方案。潜意识不会让你意识到你唤起了曾经的记忆，但是能给出问题的答案——在你没有进行任何有意识的推理时，只是灵光一闪，凭借直觉得到答案。

等一等

　　列奥纳多·达·芬奇创作《蒙娜丽莎》耗费数年时间，可能长达10年之久。画作进展缓慢，达·芬奇颇感沮丧，但是在这数年的岁月里，关于这幅画的想法始终萦绕在他的脑海里，于是他不断地改进画作。他学习了光学，他对光的理解影响了他的绘画创作。可以说，正是因为他迟迟未能完成这幅杰作，促使他在艺术道路上不断精进。

　　心理学家布尔玛·蔡格尼克（Bluma Zeigarnik）指出，与已经完成的任务相比，人们更容易记住那些他们没有完成的任务。在买单之前，服务员对于就餐的顾客点了什么记忆更深，一旦顾客买单离席，点菜的内容就会从服务员的短期记忆中消失。蔡格尼克认为，人们记住间断任务的能力是记住已完成工作的两倍。事实上，没有完成的任务会困扰我们的大脑，这也表明我们的潜意识一直在后台处理它们。

　　一部连续剧吊人胃口的结局与未完成的任务有完全相同的效果，它会让我们始终难以放下，直到找到解决方案。

何时使用

● 如果你思考某个问题已经有一段时间并且难以找到解决方案。

需要什么

- 笔和纸。

如何使用

1. 首先简明扼要地写出需要解决的问题。

2. 反复默念或背诵问题给自己听。

3. 写出几个可能有助于解决问题的想法。

4. 把问题放在一边。

5. 偶尔把思绪拉回问题之上，但是只有压力迫使你非要解决问题不可的时候再努力尝试解决问题。

注意要点

当然，使用这种方法存在风险，可能你拖延的时间过长，导致最终无法解决问题或者思路难以回到解决问题的正轨上。你需要保有一定程度的自律，才能让自己的思维重新聚集到尚未完成的任务上。不过，如果蔡格尼克的理论是正确的，那么你会毫不费力地记住尚未完成的任务。

工具7　　笛卡儿逻辑法

这是一个什么样的工具

这个工具可以帮助提出问题的人从多个角度探讨问题，你可以自己使用这种方法，也可以让其他人参与进来。

何时使用

- 当你需要确定自己是否已经从所有可能的角度出发，思考问题时。
- 当有两种可能的解决方案让你左右为难时。
- 当避免问题和解决问题同样可以达到目的时。
- 当你想测试问题的某种解决方案时。

需要什么

- 笔和纸。

如何使用

针对问题和可能的解决方案。我们用 X 指代你的解决方案，自问自答下面的问题，并在表 3-2 中写下每个问题的答案。

- 如果采取 X 方案，那么哪些事情将会发生？
- 如果采取 X 方案，那么哪些事情不会发生？
- 如果不采取 X 方案，那么哪些事情将会发生？
- 如果不采取 X 方案，那么哪些事情不会发生？

表 3-2　笛卡儿逻辑法示例

	行动	不行动
哪些事情将会发生		
哪些事情不会发生		

对于逻辑思维缜密的人来说，这些问题是基于以下内容的：

- 如果 A 发生，那么 B 发生。
- 如果 A 发生，那么 B 不会发生。
- 如果 A 不发生，那么 B 发生。
- 如果 A 不发生，那么 B 不发生。

很快你就会发现，这些问题的答案都是相似的，通常来讲，你在思考并回答上述问题的时候，初始问题的答案也呼之欲出。有时，这些答案甚至会让你进一步思考自己的价值观——对于你来说，最重要的是什么。当面对道德困境时，你要根据其中每个因素对你而言的重要性，给它们赋上权重或分数，然后根据每个因素的权重，选择最佳答案。

举例如下。

对于给予团队某个成员反馈意见这件事情，我非常紧张。他是技术能手，工作勤奋，但是我了解到他在面对团队其他成员时言行粗鲁无礼（尽管我在场时，他表现得非常有礼貌）。我不想让他对工作失去热情，但是我确实想要营造和谐的团队氛围，而且马上将有重要项目，如果他能更有效地与他人合作，显然非常关键。我应该和他谈谈他的行为吗？

表 3-3　笛卡儿逻辑法应用举例 1

	行动	不行动
哪些事情将会发生	他对工作失去热情 他的言行令团队成员感到愉悦	他继续言行粗鲁 他可能会疏远团队其他成员 他将继续对他的工作充满热情 项目会受到影响
哪些事情不会发生	他继续对他的工作充满热情 他的言行令团队成员感到反感 他可以持续为项目做出贡献	他会改变他的言行方式 团队其他成员可能会疏远他

表 3-3 中的不同措辞有些细微的差别，这值得你去仔细思考。通常情况下，本方法中使用的信息其实是你已经知道的信息，但是有必要再次确认。同样，在大部分情况下，据此得出的结论其实并

不清晰：以上述例子为例，结论是我应该解决这位员工言行粗鲁的问题，因为他的言行确实失当，而且影响到了整个团队。然而深究起来，问题的根本原因似乎是我的管理能力！虽然他的言行失当，但是我却逃避与他谈论这个问题，因为这会让我感到尴尬，而且我似乎认为团队成员得到激励的唯一途径就是放纵他对别人粗鲁无礼。他的工作热情可能需要作为一个单独的问题加以解决。问出正确的问题能够帮助我们认清前进的道路，至少让我们看到大致的方向，即使结果会令人不悦。

再看一例。

我有很强的上进心，享受学习的过程。我在考虑学习工商管理硕士课程，它是为期1年的远程授课课程，明年开始。学习这项课程需要我每周拿出15小时左右的时间。我有一份全职工作，已经成家，孩子尚且年幼。

表 3-4 是 4 个问题的部分答案。

表 3-4　笛卡儿逻辑法应用举例 2

	行动	不行动
哪些事情 将会发生	我将有资格申请公司的主管职位（所有主管都有工商管理硕士学位） 大部分时间我依旧可以陪伴家人	没能在学业和事业上更进一步，我会感到沮丧 我永远无法当上主管，实现我的抱负
哪些事情 不会发生	我没办法长时间地陪伴家人	拿到 MBA 文凭 暂时牺牲家庭生活

这就是你遇到的道德困境：哪一个更加重要——事业还是家庭？或许真正的解决办法是拉长攻读工商管理硕士的时间，这样你在两方面的愿望都能实现，既可以有更多的时间陪伴家人，也能取得申请主管职位的资格。

变化

你也可以与团队成员一起使用笛卡儿逻辑法，他们可以帮助你拓宽思路，让你不局限于自己一个人思考时的范畴。

注意要点

使用这个工具，最重要的一点（与其他诸多解决问题的工具一样）就是要提出正确的问题。避免真实的问题非常简单，只需要问出的问题是你想要回答的或者是你已经知道答案的问题，而对于更加棘手的问题则避而不谈。

最难填的是表格右下角的内容（如果我们不行动，那么哪些事情不会发生）。填入与表格左上角一样的内容非常简单（如果我们行动，那么哪些事情将会发生），两者之间的微妙差异可以更好地阐明问题。

| 工具 8 | 脑力写作法 |

这是一个什么样的工具

这是一种便捷快速、相对安静、非常民主的头脑风暴法。

何时使用

- 如果你需要知道那些不情愿在团队活动上发表看法的人的观点，或者你需要同时解决几个问题，这种方法非常有效。

- 你还可以使用这种方法来防止职位较高或善于言谈的参与者主导会议。使用这种方法，每个人都能获得发言权。

需要什么

- 在 A4 纸上印出表 3-5，写上标题，表 3-5 中单元格的数量应该与处理问题的人数匹配，或者尽量多，占满 A4 纸，每个单元格需要有足够的空间供参与者书写。

表 3-5 脑力写作法示例

问题：
提出者：

如何使用

小型团队，多个问题

1. 把脑力写作法的纸张分发给每位参与者。

2. 要求每位参与者在纸张的顶部写出他们的问题和名字。

3. 参与者依次传递表格，每位参与者针对每个问题写出一个或更多可能的解决方案，或者解决方案的提示。注意，如果参与者对于某个问题没有任何想法，那么他们只需把表格传给下一个人即可。

4. 不断地传递表格，直到大家对所有问题都没有新的想法。

5. 把每张表格发还到提问者的手中。

6. 提问者可以保留表格，阅读其他参与者的建议，考虑实施其中的最佳方案。

大型团队，一个问题

1. 把脑力写作法的纸张分发给每位参与者。

2. 每位参与者写出需要共同解决的一个问题，再写上自己的名字。

3. 请每个人写一个想法或解决方案，在想法或解决方案一栏写满一整行，或者尽可能多地写出想法或解决方案。

4. 在团队内传递表格，一个人写完后传递给下一个人，添加自己进一步的想法或解决方案，以及在他人写出的想法启发下产生的新想法。

5. 填写表格之后，如果没有更多的想法，把它传递给下一个人，最后把表格返还给提问者。

6. 提问者可以保留表格，阅读其他参与者的建议，考虑实施其中的最佳方案。

变化

无论大型团队讨论多个问题还是小型团队讨论一个问题，这个工具都适用。

注意要点

- 让每位参与者尽可能清晰地书写，至少提问者能够辨认字迹，阅读解决方案。

- 有时，有人会质疑别人的想法，觉得别人的想法很愚蠢。所以，需要鼓励参与者安静地进行这项活动。

工具 9　　　个人或集体绘制思维导图

这是一个什么样的工具

我们的思考方式并不是线性的、结构化的，而是喜欢把各种想法组合在一起，进行联想。思维导图让我们能够直观地把这些相互关联的想法组织在一起，从而激发新的联想。绘制思维导图能够帮助我们解决简单的问题。

集体绘制思维导图，涵盖的内容会很广，很多人共同参与，他们会在思维导图中加入自己的想法，这可以激发我们新的联想。

何时使用

- 你需要考虑很多内容，问题的解决方案可能会产生深远的影响。

- 作为计划工具，确保你已经考虑到了所有可能的想法。

- 作为设计工具，与他人进行协作。

需要什么

- 自己单人完成时，需要一张纸和彩色笔。
- 与他人共同完成时，需要一张或更多张活动挂图纸、彩色的记号笔。

如何使用

1. 把纸横向放置，在纸的中央画个圆圈，在圈内简单地描述问题。

2. 针对问题，放飞思绪，自由思考。

3. 如果想到解决问题的可行性方案，从纸中央的圆圈画出一条线，作为分支，并简要说明解决方案，作为标记。

4. 针对每个可能的解决方案，思考它们的细节，再从对应的分支中分出子分支，同样简要说明，作为标记。

5. 如果你发现子分支之间存在关联，用线条或箭头将它们连接起来。

6. 完成后，审视你完成的整体思维导图，进一步激发新的想法，建立各种内容之间新的联系，添加新的分支或子分支，尽可能地完善思维导图。

如果是团队成员一起绘制思维导图，那么确保纸张足够大（挂在墙上的大型活动挂图是理想的选择），可以有足够的空间添加内容。鼓励所有团队成员多花些时间从整体上审视逐渐形成的思维导图，这样，大家的想法可以相互启发。用带有颜色的箭头连接不同的想法和观点。

注意要点

使用这个工具，也存在一种风险，那就是通过使用思维导图，你并没有放飞思绪，自由联想，充分激发大脑的创造潜能，反倒是用这种方式代替线性思维笔记。思维导图的力量在于我们的大脑有能力在不同想法之间建立联系，各种想法之间相互激发。不要纠结于每个分支或解决方案的细枝末节，想到新的分支或解决方案时快速记下它即可。注意每个分支和它们的子分支彼此之间的关联，启发你找到新的解决方案。只要有了想法，就把它写下来，不要因为某个念头乍看之下似乎并不可行，就不写出来。通常情况下，那些看似愚蠢的想法却蕴含了能够帮助我们解决问题的内容。

为了刺激你的整个大脑：

- 使用关键词或关键短语，不要使用完整的句子；

- 用图画代替文字，或者作为文字的补充；

- 画每个分支时，要使用不同颜色的记号笔。

在一张关于"解决问题"的思维导图中，主要的分支有 5 个，每个分支代表解决问题的一个主要阶段，子分支则说明了每个分支的细节。绘画可以帮助我们激发关键性的思路、记忆或想法。

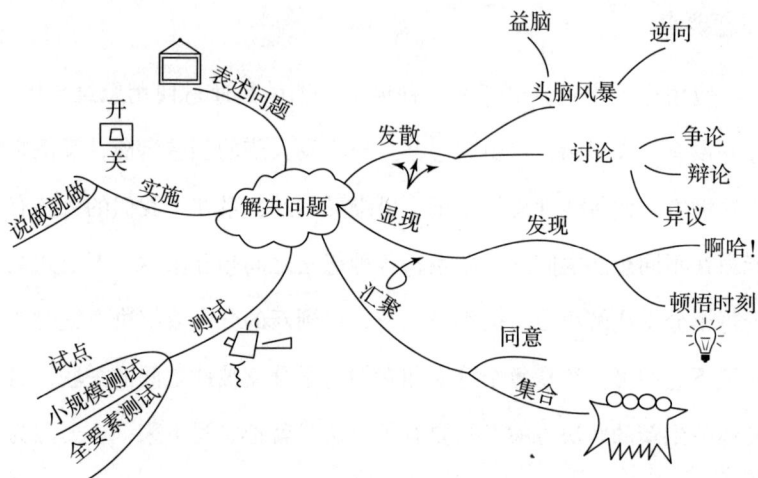

工具 10	结构化演练

这是一个什么样的工具

对于如何解决问题，你有了初步的想法，若想知道别人的看法，结构化演练这种方法非常有效。对问题感兴趣的多方人员组成听众，针对你的想法，以高度结构化的方式提供批判性和建设性的反馈意见，供你随后思考。因为不需要真正实施大家的想法，所以你不会感受到压力。

结构化演练来自信息技术领域。

何时使用

- 你对某个问题已经有了初步的解决方案。

- 你需要建设性的批评意见来进一步完善你的想法。

- 你觉得需要从集体智慧中获得帮助。

需要什么

- 为参与者提供舒适的座椅。

- 便于发言者自在发言的区域。

- 提前询问发言者是否需要计算机、投影仪和屏幕；同时准备活动挂图，打印讲义。

如何使用

在参与者中，其中一位是陈述人；指定一名主持人、一名记录员；其他参与者是评论者。每个角色需要完成的工作如下所述。

陈述人：陈述想法，听取参与者的反馈意见。

主持人：主持活动，保证活动按照既定的节奏和方式进行，不受个人因素的影响，把活动的焦点集中在关键问题上，并且决定记录哪些内容。

记录员：这名参与者不参加讨论，只是记录主持人要求记录的内容。

评论者：参与活动，认真倾听陈述人的陈述，对于自己没有完全理解的部分提问，对于难点要求陈述者讲解清楚。评论者应该是利益相关方，但是在最终解决方案中不存在既得利益。他们应该拥有丰富的背景知识，能够理解陈述者讲解的主题。

1. 主持人介绍主题，必要时，介绍参与者。

2. 主持人解释每个人的角色、承担的任务、活动如何展开，设置严格的时间限制。

3. 陈述人陈述观点、设计、解决方案，但是一定要以第三者的口吻。

4. 陈述人必须以冷静、客观的方式陈述问题，不能加入个人感情。

5. 陈述人从演练中收获的多少与他在陈述中的客观程度成正比。

6. 陈述人在活动中的任务是学习并且改进设计方案、自己的想法或解决方案。

7. 评论者的任务是帮助陈述人，他们提出精心设计的问题，帮助陈述人考虑问题的其他方面，探索思考问题的其他思路等。

8. 评论者绝对不能抨击陈述人的观点。

9. 评论者在活动中的任务是提供帮助，同时也要学习，但绝对不是去批评他人。

10. 评论者的任务不是寻找漏洞、潜在问题或哪些方法不可行。

11. 针对陈述人的想法，如果评论者有反对意见，需要以问题的形式提出。

12. 主持人必须确保评论者不会对陈述人进行人身攻击，反之亦然。

13. 即便评论者抱着建设性的态度发表意见，但陈述人依旧会有遭受大家围攻的感觉，这几乎不可避免，主持人要努力消除陈述人的这种感觉。

14. 主持人的话语必须让陈述人感到舒适，如果陈述人不愿意，不要深究问题。

15. 主持人必须确保记录员按照陈述过程中问题提出的顺序记录未解决的问题。

16. 主持人要求记录员即时记录每个没有解决的内容，然后读给大家听，如果需要，可以进行修改。

17. 在活动结束时，主持人请记录员读出所有记录的内容。

18. 记录员的记录表由陈述人接收，但是这并不是最终的计划书，而只是一份要点清单，告诉陈述人可能需要考虑哪些内容。

19. 结构化演练的初衷并不是做出决策。评论者提出的观点对于陈述人来说并没有约束力。

注意要点

主持人必须公正、坚定，给评论者评价和提问的空间，确保评论者提出的观点中肯、有益。主持人必须细心敏感，能够察觉评论者的观点对陈述人产生的影响。

工具 11　　转换视角法

这是一个什么样的工具

　　每个人都是从自己的视角看待生活的。转换视角法非常简单，它需要你考虑不同职业的从业者会如何看待你需要解决的问题，他们会如何着手解决问题。通过不同的视角来看待问题，我们可以轻松地获得来自不同角度的洞见。

何时使用

- 关于问题的解决方案毫无头绪。
- 问题的解决方案显而易见，但你想从全新的角度来审视问题。

需要什么

- 纸、笔。
- 如果你计划将团队分为多组，每组人数不多，请选择较大的房间。

如何使用

表述你的问题。自问自答，如果是与团队成员一同使用本工具，可以向他人提问："一名 X 会如何着手解决问题？"例如，这里的 X 可能是一名：

- 医生；

- 律师；

- 工程师；

- 艺术家；

- 统计学家；

- 政治家；

- 办公室保洁人员；

- IT 技术员；

- 主厨。

你可以添加各种各样的职业，选择那些与你自己职业迥异的职

业，这样你可以获得更为广阔的视野。需要强调的是，不用期望活动参与者了解所选职业工作的细枝末节，只需要考虑对于手头的问题，这个职业的从业者会如何思考。举例如下。

医生在提出诊疗方案之前，会先诊断疾病的根本原因；律师在陈述案件之前，会先思考一个论题的正反两面；工程师会深入探究问题的详细工作原理；艺术家会在真正开始创作之前绘制草图；主厨可能会在开始烹饪之前检查所有的配料是否已经备齐。

你可以组合使用这些思考问题的方法和途径，然后讨论哪种组合可以指引你找到更好的解决方案，并从中选出最佳方案实施。

如果团队人数较多，使用本方法时，给每个小组指派不同的任务，也就是不同的思考方法，这样它们可以平行开展工作，然后在全体讨论时，彼此交流、展示。例如，第一组可以收集针对某一解决方案赞成和反对的两方观点；第二组可以制定几个解决方案的草案；第三组可以分析目前的情况以及可能产生的影响。

注意要点

需要让参与者知道，这种方法并不是将其他职业的工作内容直接应用于我们需要解决的问题，而是自由地想象，将其他职业的特点或方法与我们需要解决的问题建立联系。思考一下：平时我们很难轻松地摆脱自己的思维方式，这种方法能给我们带来怎样的思路？

工具 12   列名小组法

这是一个什么样的工具

这种方法非常有效，最早由范德文（VandeVen）和德尔贝克（Delbecq）开发，保证参与解决问题的人员每人都有平等的话语权。有人认为列名小组法（Nominal Group Technique，NGT）也能产生多种解决方案，而且比头脑风暴法的质量更高。

何时使用

- 团队中有极其善于言辞或处于主导地位的成员。

- 你认为团队中较为安静的成员不情愿当着处于主导地位的成员发言。

- 长期以来，团队没有产出大量有创造性的想法。

- 问题存在争议。

需要什么

- 为每个参与者准备纸和笔。

- 活动挂图和多支记号笔。

如何使用

1. 陈述问题，然后检查全体成员是否已经充分理解问题。最好用开放式的问句来表述问题，例如："我们用哪些方法可以鼓励员工按时到岗？"

2. 每位参与者默默地思考，有了自己的想法后在固定的时间段内（通常5～10分钟的时间足矣）写出尽可能多的解决方案。引导师也可以写下自己的想法。

3. 在全体活动上，每位参与者依次陈述自己诸多想法中的一个，引导师把它们记录在活动挂图上：

   a) 不允许任何人进行任何讨论。

   b) 列名小组法有各种版本。在有的版本中，每写出一个想法，马上可以对想法进行说明；在有的版本中，在记录下所有想法之后再进行说明。

   c) 参与者除了说出自己写出的想法，也可以说出受到他人想法启发而产生的想法。

   d) 参与者可以在某一轮选择跳过，不发言，然后在下一轮提出自己的看法。

4. 根据活动挂图上每个想法写出的顺序，逐个讨论：

   a) 成员可以提问，表明自己的立场，同意与否。

   b) 引导师必须保证每位发言的参与者有均等的时间谈论他们的想法，不会受到别人的言语攻击。

   c) 团队可以将所有想法分成不同的类别，如果听到其他人的想法后，自己受到启发有新的想法，也可以提出。团队把与初始问题密切相关的想法排名，然后投票（请参考排名和投票）。

变化

在所有人表达了自己的想法并进行记录之后，引导师询问全体成员哪些想法与活动核心问题相关。如果很多想法与核心问题无关，那么核心问题属于"结构不良型"（ill-structured），因为它让参与者产生了与之并不严格相关的想法。参与者的想法随后被分为几组，例如，一组与核心问题直接相关，另一组则与对核心问题的另外一种解读直接相关。这些并非与核心问题直接相关的想法，或者说"结构不良型"想法会被视为新的问题，然后利用新一轮的列名小组法对它们进行思考。

注意要点

- 确保团队成员真正理解了需要讨论的问题，避免出现"结构不良型"想法。

- 确保讨论过程中的气氛始终友好，并且讨论意见具有建设性，活动的主题是推进团队成员提出自己的想法，而不是开展人身攻击。
- 在使用列名小组法的过程中，要注意语言表达。问题的提出者可能对问题充满热情，结果却被告知问题是"结构不良型"问题。在他们的心目中，提出的问题肯定是严格结构化的问题。这并不是说你必须使用最纯正的列名小组法术语。

| 工具 13 | **GROW 模型** |

这是一个什么样的工具

从传统意义上讲，GROW 模型与一对一指导密切相关，它为个人或集体解决问题提供了框架清晰的方法。

何时使用

- 对于一个问题，需要一系列备选的解决方案。

- 需要深入探讨某个问题，为目前具备雏形的想法加入实质性内容。

需要什么

- 纸和笔。

如何使用

GROW 模型可能是世界上最受欢迎的指导方法，它会按顺序向接受指导的对象提问。GROW 代表 4 个英文单词：goal（目标）、reality（现实）、options（选择）、will/way forward（意愿 / 前进方向）。通常，教练会询问受训者一些问题，帮助受训者确定自己的目标，然后通过进一步询问受训者确定受训者当前的现实情况，根据目标和现实，确定可供受训者选择的选项。最后，教练测试受训者继续朝着目标努力的意愿，并且询问受训者将首先尝试哪个或哪些选项。

这个工具为解决问题提供了一个有效的框架，个人可以单独使用，也可以在团队中使用。

目标：尽可能深入地探索你试图解决的问题。

例如：

- 如果你解决了问题，结果会怎样？

- 如果你未能解决问题，结果会怎样？

- 如果你解决了问题，结果看起来、感觉起来甚至听起来会怎样？尽可能地引入各种感官体验，让最终的目标显得更真切。

- 你怎么知道你已经解决了问题？

现实：尽可能深入地研究你目前的现实情况以及解决问题的过程中你所处的环境。

- 什么人或物可以提供帮助？

- 可能会遇到哪些障碍或限制？

- 找到解决方案可能会带来什么样的间接后果？

选择：对于可能解决问题的方案，了解哪些方案可供你选择。在这个阶段，尽可能地发挥你的创造力，不断检查可能的解决方案是否真的能解决需要解决的问题，然后根据你的实际情况，测试你提出的解决方案是否可行。

意愿 / 前进方向：考虑到现实的情况和可能的选择，你依旧保有解决问题的意愿吗？你愿意选择哪种方案或哪些方案来解决问题？解决问题的第一步是什么？

注意要点

缺乏经验的教练总是热切地想帮助受训者，尚未理解受训者的目标和现实，就开始一门心思地寻找解决方案。同样，使用 GROW 模型作为解决问题的工具时，你也极可能会在找到正确目标、认清现实之前就开始制定解决方案。在理想状况下，你应该把时间主要花在研究"目标"和"现实"上，而不是考虑"选择"和"意愿"这两个内容。只有真正理解自己的目标，从实际出发，评估在实现目标的过程中可以获得哪些帮助，会遇到哪些障碍，解决方案才会自然出现。

工具 14 脑 / 心 – 推 / 拉法

这是一个什么样的工具

脑 / 心 – 推 / 拉法能够让你从所有的角度审视问题的解决方案或决策，以便更有效地针对方案或决策进行沟通。

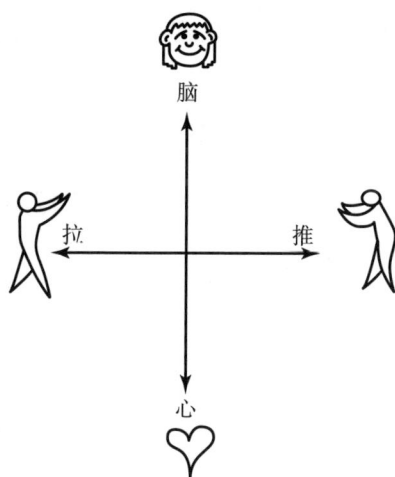

"大脑"论证是理性的论证，冷静、客观地对待事实、数据和信息。

"内心"论证关注的是情感和主观层面，触及内心，提供的是主观观点，而不是客观事实。

推动法对观点进行论证，让听众觉得他们别无选择，只能顺从。

牵拉法吸引听众相信某个观点，让听众觉得它似乎不可抗拒。

你既可以对上述方法进行组合，形成脑－推、脑－拉、心－推、心－拉的配对组合，也可以进行一套完整的论证，从不同的角度说服别人，让他们相信你所做的无论对于他们还是组织，都是正确的选择。

何时使用

- 确保针对不同的对象，你都以最适合他们的方式就问题的解决方案进行沟通。

- 通常，在解决问题的活动接近尾声时，你可以使用本方法。你已经得到了问题的解决方案，包括你在内，参与解决问题的人员需要考虑如何将解决方案传达给其他人。

需要什么

- 纸和笔。

如何使用

团队集体可以使用这种方法，或者将整个团队分为4个小组，每个小组专注于沟通的一个方面，然后在全体活动上汇报各组的工作。这4个方面是脑-推、脑-拉、心-推、心-拉。

例如，你是旅行社的工作人员，你想说服一对夫妇购买一款昂贵的度假游产品。

心-拉——"想象一下这样的场景：你站在美丽的海滩上，温柔的海浪在柔软的白沙滩上拍打你的双脚。你的头顶是蔚蓝的天空，万里无云，和煦的微风轻抚你的脸颊。你的手中端着一杯鸡尾酒，你的心情沉浸在美好假期之中。你可以畅享这样的美妙假期，每人只需2550英镑，包含住宿和早餐及一顿正餐！"你的目的是让价格不菲的度假产品极度诱人，在感情层面上打动这对夫妇，让他们难以抗拒。

脑-推——"你们的预算有限，能负担起的度假项目只有两个，在威尔士山区里骑马旅行，或者在爱丁堡市度假。如果你们想在5月的第一周出行，这是你们仅有的选择。"你的目的是剔除任何情感诉求，保持绝对的理性，促使这对夫妇接受他们预算范围内的度假方案。

在实际工作中，得到解决方案之后，你需要将解决方案传达给很多人，他们的背景各不相同，你需要知道的诀窍就是从4个角度考虑如何沟通交流，这样你就能准备好自己的论点。如果在沟通过程中遇到反对意见或阻力，也能根据沟通对象的具体个人情况，加以解决。

注意要点

这种方法也有自身的问题，如果使用心 – 拉组合，有些使用者会变得过于戏剧化，夸大自己的想法。同样，那些脑 – 推组合的使用者，可能面对的风险是看起来过于冷漠无情和咄咄逼人。提醒参与者，这种方法只是让大家有一个出发点，去考虑自己的想法可能会遇到哪些反对意见，并且提前做好准备，这样可以让更多的沟通对象接受自己的观点。在实际工作中，他们打交道的是有血有肉的人。

工具 15　　奥斯本－帕内斯批判性问题解决流程

这是一个什么样的工具

批判性问题解决流程分为 5 步（有时是 6 步）。亚历克斯·奥斯本（Alex Osborn）是美国某教育基金会的创始人并担任第一任主席，西德尼·帕内斯（Sidney Parnes）是该基金会的第二任主席，两人在20 世纪 60 年代开发了这一方法。许多创造性思维的方法都以一个发散阶段为起点（很多想法都产生于这个阶段），随后会有一个收敛阶段（这个阶段，在所有想法中选择少数几个，用来解决需要解决的问题）。奥斯本－帕内斯流程（Osborn-Parnes process）的不同之处在于，在解决问题的全过程中，每个步骤都有一个发散阶段和一个收敛阶段。

何时使用

- 你需要解决的问题影响人数众多，或者需要做出的决定会造成广泛的影响。

需要什么

● 一幅活动挂图和数支记号笔。

如何使用

1. 发现困境（发现目标）

在这个阶段，挑战自己的想法，让自己清楚地确定需要探索的问题。例如：

● 你想要探索的挑战或目标是什么？

● 你想要做什么或想拥有什么？

● 你想要做出哪些改进？

● 以哪些方式工作，你效率低下？

● 你想要改善哪些关系？

● 现在有哪些事情令你感到愤怒或沮丧？

2. 发现事实

利用下面的6个疑问词：谁？什么？哪里？为什么？什么时候？如何？例如：

● 目前谁参与其中？谁应该参与进来？谁可能希望能够参与？我们刻意不让谁参与？

- 现在正在发生什么？目前什么没有发生？如果……会发生什么？如果不……会发生什么？

- X 在哪里发生？X 没有在哪里发生？我能够让 X 在哪里发生？

- 为什么 X 会发生？为什么 X 没有发生？为什么我们要面对这个问题？

- 什么时候 X 会发生？什么时候 X 不会发生？

- X 是如何发生的？我如何才能让 X 发生？我如何才能阻止 X 发生？X 是如何发展，最终导致问题的？

3. 发现问题

如果你知道自己该聚焦哪些内容，并且能够准确地表述问题，这对于寻找问题的解决方案将产生积极的作用。在这个阶段，你应该以多种方式定义问题。在尝试表述问题的时候，你可以先提出"我／我们可以用何种方式来……"然后提出问题，例如：

- 真正的本质问题是什么？

- 首要目标是什么？

- 我为什么要做 X？

- 我实现这一目标的目的是什么？

4. 发现想法

在这个阶段，通过使用头脑风暴法或其他创造性思维方法产生各种想法。避免在这个阶段批评或评估提出的想法。你的目标是尽可能多地产生各种想法。

5. 发现解决方案（评估想法）

如果你准备选择最佳解决方案，你需要列出评判解决方案的标准。回到发现问题的阶段，你应该提醒自己需要达到怎样的目标，帮助自己建立有效的评估标准。

- 设定评估标准。

- 参照设定的标准，评估想法。

- 挑选最适合的一个或多个解决方案。

6. 寻求接受（实施想法）

在这一步，你应该制订行动计划，实施解决方案。自问自答下列问题：

- 需要哪些人参与进来？

- 你／他们何时开始工作？

- 要花费多长时间？

- 什么时候结束？

- 你如何知道自己已经成功地实施了解决方案？

注意要点

使用本工具，可能存在的风险是纠结于细枝末节，而忽视了最终需要解决的问题。本方法需要强有力的引导，指明正确的工作方向。

工具 16　　欣赏式探询法

这是一个什么样的工具

欣赏式探询法（appreciative inquiry）旨在协调组织变革。它的基础理念是：组织是一种具有社会结构的现象，而不是现实。如果我们能够接受这种观点，那么唯一能够限制组织变革的就是我们的想象力。从本质上讲，我们根据自己梦想中的样子创建了组织，因此我们也同样可以通过创造性的过程改变它。

欣赏式探询法的创始人是凯斯西储大学的大卫·库珀里德（David Cooperrider），他认为传统的解决问题过程聚焦于解决"是什么"（what is）的问题，而不是想象"能怎么样"（could be）。欣赏式探询法并不是遵循单一的方法，因为库珀里德认为，欣赏式探询法并不需要固定的方式方法，它的使用者可以以适合他们自己的方式来开发它。归根结底，单一的方法本身与欣赏式探询法的根本理念背离，限制了使用者的想象力，让他们无法"放飞梦想"去考虑可以做出哪些变革。

欣赏式探询法的原理是，我们应该更多地关注那些奏效的方法，而不是去修正效果不佳的方法。它关注宏观情况，关注基于共同未来愿景，快速做出变革。

何时使用

- 组织变革。
- 战略企划。
- 社区发展。
- 建立关系网络。
- 解决矛盾冲突。
- 帮助团队探寻如何更好地合作。

需要什么

- 活动挂图。
- 纸和笔。

如何使用

多年来，欣赏式探询法使用最广泛的一个版本是四步式解决问题法，这种方法关注以下 4 点。

发现：欣赏现在"情况"中最好的方面。这个想法的初衷是对于探究对象值得保留的方面要坚持下去。哪些方法行之有效，我们应该保留下来？

想象：设想一下可能发生的事情。无论整个组织还是单个团队甚至个人，如果达到最佳状态，会怎样？通常，这种想象不是用华丽的辞藻描述愿景，而是勾勒出一幅未来的画面。

设计：讨论应该怎么做。相关人员能够提出哪些有针对性的建议？有时，这些建议被称为可能性陈述（possibility statements）或设计陈述（design statements）。

交付 / 实现：创新塑造未来。考虑到"交付"（delivery）这个词暗含传统变革管理的意义，所以库珀里德把第四阶段的名字从"交付"改为"实现"（destiny）。在这个阶段，参与者采取行动把梦想和设计变为现实。这个过程避免了建立相关的委员会或项目团队，鼓励参与者以"设计陈述"征得的同意为基础，根据自己的意愿开展工作。

有趣的是，20世纪80年代初，北欧航空公司的总裁詹·卡尔森（Jan Carlzon）实行权力下放，员工只要是从乘客利益的角度出发，做出决策，解决问题，就无须征得任何事先许可。该航空公司每年有1 000万名乘客，每名乘客每次乘坐航班会接触5名航空公司的员工，平均每次接触的时间是15秒，也就是说航空公司的员工每年"创造"公司形象的次数高达5000万次。通过取消日常管理中的授权批准，并把这个权力下放给员工，詹·卡尔森创造了新的"可能性陈述",让一家业绩不断下滑的航空公司在 3 年内扭转颓势,一跃成为"年度最佳航空公司"。

注意要点

使用欣赏式探询法时,精明、冷静的商界人士可能会觉得"梦想""实现"这样的概念过于新潮或虚幻。没有必要一定使用它们来为各个阶段命名。

工具 17	思维竞争法

这是一个什么样的工具

虽然大家经常说"我们放松的时候也是最具创造力的时候"，然而有时处于竞争之中也能激发创造性思维。竞争状态为解决问题引入竞争带来的优势。

何时使用

- 团队的成员天生具有好胜心，使用效果最佳。

需要什么

- 纸和笔，或者活动挂图和记号笔。
- （可选）为获胜小组提供奖品。

如何使用

1. 向整个团队陈述业务问题，然后把团队分为若干小组。

2. 告诉团队成员，他们需要在固定的时间内（设置适当的时限）构建解决问题的最佳方案，并且必须向其他小组陈述本组的想法。解决方案必须经过深思熟虑，确定可行。另外，需要向全员表明，这是小组之间的竞争，比拼的是哪组能找到最佳的解决方案。

3. 在每个小组提出解决方案之后，所有小组进行投票，选出最佳解决方案。每个小组不能为本组投票。

4. 在选出最佳解决方案之后，可以使用其他方法进一步探讨如何将其付诸实施。

作为激励，你可以给方案胜出的小组提供小奖品。

注意要点

确保活动的焦点集中在各组想法的质量上而不是数量上。在竞争的环境之中，为了"获胜"，参与者会给出尽可能多的想法。

工具 18　　反对意见法

这是一个什么样的工具

这个工具类似于结构化演练，但通常是在沉默中进行的。

每给出一个解决方案，参与者尝试找到解决方案在哪些方面存在缺陷。

何时使用

- 为了测试问题可能的解决方案。
- 为了改进初具规模的解决方案。

需要什么

- 纸和笔。

如何使用

1. 你已经对问题的解决方案有了概念，先向参与者介绍问题产生的背景，然后解释你提出的解决方案。

为什么呢？   为什么不呢？

2. 每位参与者在沉默中思考刚才听到的解决方案，只有在必要时才发言要求方案的提出者进行解释说明。

3. 针对听到的解决方案，参与者安静地写出方案行不通的所有原因。

4. 参与者将自己的反对意见交给问题解决方案的提出者，提出者并不需要完全听取这些反对意见，但是需要阅读后对自己的方案进行反思，对已有的方案进行改进，或者构建新的解决方案。

变化

1. 参与者朗读自己写出的反对意见，然后把它们交由解决方案的提出者，由方案的提出者自行考虑，不进行进一步的讨论。

2. 参与者朗读自己写出的反对意见，方案提出者可以提问，但并不是为原有的解决方案辩解、证明它的合理性。这样，方案提出者可以向参与者学习，而不会固执地坚持原有的解决方案。

3. 对仪式性异议（工具 3）稍做调整，参与者当着方案提出者读出并且讨论自己的反对意见，方案提出者只能聆听，做好笔记，但不能参加讨论。

注意要点

方案提出者可能会对针对自己的批评非常敏感，确保参与者批评的对象是解决方案，而不是方案提出者本人。

工具 19　　MUSE 法

这是一个什么样的工具

　　这个工具把解决问题的流程分为几个阶段，MUSE 代表 me（我）、us（我们）、select（挑选）、explain（解释）4 个单词的首字母。

何时使用

- 吸引不善言辞但是能做出有效贡献的人。
- 保证那些声音最大的参与者不会主导活动。

需要什么

- 纸和笔。
- 活动挂图。

如何使用

1. 表述问题，邀请大家对问题提问和讨论，确保所有人完全理解问题。

2. 每个人（我）默默地写出问题可能的解决方案。

3. 两人一组（我们）就两人提出的解决方案进行讨论，质疑对方的想法，帮助对方改进。

4. 每个组挑选组内最佳的解决方案，然后把方案写在活动挂图或海报上，让所有参与者都能看到。

5. 每组成员向全体参与者解释他们的想法。

6. 全体成员对解决方案进行排名，然后进行投票。

7. 针对何时、由谁去执行解决方案，全体成员达成共识。

注意要点

有时，团队成员会认为一个想法的提出者也理应是实施者。需要确保合适的人选去实施解决方案。最有创造力的思想家不一定是各种想法的最佳执行者，设计和实施涉及两项完全不同的技能。

工具 20　　鱼骨图

这是一个什么样的工具

东京大学的石川馨（Kaoru Ishikawa）博士在 20 世纪 40 年代早期发明了鱼骨图（Fishbone Diagrams），又名"石川图"。虽然最初设计鱼骨图是作为改进产品的工具，但是现在它作为一种通用的解决问题的工具，已经得到了更加广泛的应用。特别是如果导致结果的原因较多，鱼骨图可以帮助我们加深理解和深入思考。

石川馨认为，质量改进应该是一个持续的过程，客户服务与高质量的产品一样重要。石川馨的合作伙伴是爱德华兹·戴明（Edwards Deming）博士，后者在质量控制方面的成就在本书中也有提及，即工具 21。

应用鱼骨图可以让我们看到导致最终结果的所有原因。

何时使用

- 团队思考问题时墨守成规。

- 试用了各种线性方法解决问题，但是未能发现各个要素之间新的明显联系。

需要什么

- 活动挂图、白板，或者尺寸较大的纸张。

- 便利贴。

- 多支记号笔。

如何使用

你可以单独使用本方法，也可以在团队中使用。图 3-2 是指导大家如何在团队中使用鱼骨图，如果是单独使用，用"你"代替下文中的"团队"即可。

1. 在活动挂图或白板中部靠右的位置写下待解决的问题（结果）。

2. 把它圈入一个方框之中。

3. 由右至左从方框的中间画一条水平横线。

4. 开展头脑风暴，思考导致问题的原因可能分为哪些类别，然后把它们写在横线的分支上。

5. 展开头脑风暴，思考导致问题的所有原因。对于每个原因，还要进一步追问，自问自答"这个原因背后的原因是什么"。

6. 以每个答案为子分支，写出来，放在对应的原因类别之中。如果答案从逻辑上符合多个类别，应在对应的每种类别中写出答案。

7. 对于每种原因，自问自答"这个原因背后的原因是什么"，然后写出答案，作为子原因，列在对应的原因之下。

8. 不断发问，追根溯源，添加更多层次的分支，直到团队成员没有更多的想法为止。

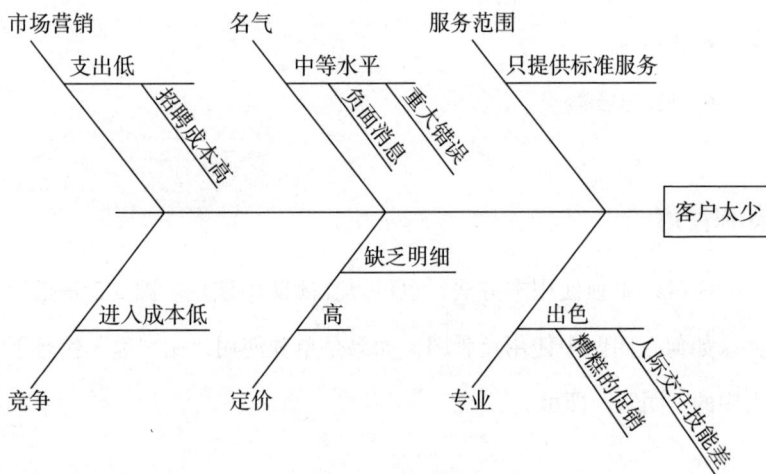

图 3-2　鱼骨图示例

注意要点

使用鱼骨图的关键在于需要确保纸张足够大，能够容纳下所有的子分支。如果因为纸张太小，需要重新画图，大家会感到非常沮丧。

工具 21 　　戴明循环法（休哈特循环法）

这是一个什么样的工具

爱德华兹·戴明（石川馨的美国同事，参见工具 20）认为，通过对业务流程的仔细衡量和分析，应该可以确定产品偏离客户要求的原因。他设计了一个相当简单的反馈循环，旨在帮助管理人员寻找和修改流程中需要改进的部分——PDSA 循环法（见图 3-3）。PDSA 代表 plan（计划）、do（执行）、study（研究）、act（处理）4 个单词的首字母。

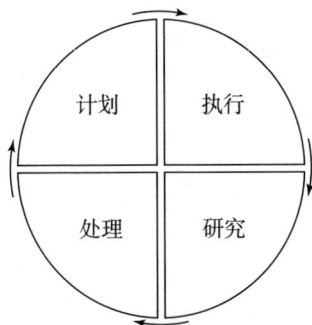

图 3-3　PDSA 循环法

这个模型并没有什么神奇之处，它是逐步改善（continual improvement）的惯常方法，它的厉害之处并不在于单次使用，而是持续不断地使用。戴明表示，发明这种循环法要归功于他的导师、纽约贝尔实验室的沃尔特·休哈特（Walter Shewhart），所以他把这种方法命名为"休哈特循环法"。休哈特称其为PDCA[①]循环法。戴明将其修订为PDSA循环法。

有趣的一点是，在"精益"思维中，计划阶段最重要；而在传统的组织中，执行阶段最重要。

何时使用

- 需要计划进行变革或者逐步改善。

注意，我使用的是"逐步"（continual）这个词，而不是"持续"（continuous）。逐步意味着有停歇、有开始，持续意味着在整个过程中没有间歇。然而在现实中，必然存在间歇。

需要什么

- 不需要任何特殊设备。

---

① P: plan，计划；D: do，执行；C: check，检查；A: act，处理。

如何使用

按照循环步骤依次进行。

计划：确定目标，并对自己计划的结果做出预测。准备好回答与计划有关的一系列问题：谁？做什么？在哪里？什么时候？建立或者修改一套业务流程，以此提升最终效果。确定需要收集哪些数据才能准确衡量计划是否成功。

执行：实施计划，收集数据，衡量计划成功与否。在理想状况下，应该先在小范围内对变革计划进行测试。

研究（又称"检查"）：分析数据，把结果报告给与此相关的决策者。比较数据和预测，总结本次执行的经验与教训。

处理：决定需要做出哪些改变，改进流程。确定改变是否能顺利实现，如果不能，那么需要放弃实施，继续计划下一个循环。

注意要点

乍看之下，这个流程非常简单。在实际应用中，哪怕是预测简单变革的结果，也需要用广阔的视野去审视变革能够影响到的所有内容——不仅要看到石头扔入水中溅起的水花，更要看到水花激起的涟漪以及涟漪产生的更加深远的影响。如果需要使用戴明循环法，那么必须长期坚持。因为这种方法是一个迭代过程，在进行大范围变革之前，应该先在小范围内进行测试。即便是做出极其细小的变革，也要尽你所能，让尽可能多的人员参与其中，因为变革会影响许多人，这样做可以减少变革的障碍。

| 工具 22 | 三维利益相关者分析图 |

这是一个什么样的工具

在任何重大的项目变更或企业变革中，明确并管理利益相关者都是至关重要的。利益相关者是指与项目变更或企业变革利益密切相关的群体。人们常常把标准的二维利益相关者分析图束之高阁，在项目变更或企业变革进行的过程中不会拿它来参考。三维利益相关者分析图是指先在平面上绘制带有标记的网格，然后把真实的人员放在网格中占据对应的位置，依据的是影响力、支持力度以及项目变更或企业变革对他们所代表的利益相关个人或群体的影响。

如果能够绘制这样的分析图，在项目变更或企业变革进行过程中，它的使用概率会大大提升，从而保证利益相关方得到妥善管理。

何时使用

- 任何涉及多个利益相关者的项目开始之时。

- 任何重大变革项目开始之时。

- 利益相关者之间关系较为复杂时。

- 需要了解影响利益相关者的最佳方式。

需要什么

- 胶带。

- A4 纸和记号笔。

- 一卷绳子和一把剪刀。

- 空间充足的房间。

- 照相机或具备照相功能的手机。

如何使用

1. 即将实施项目或进行重大变革，请将在其中发挥作用的人员参与活动。

2. 用胶带在地上贴出网格，然后用纸质标签标出坐标轴和刻度。坐标系中网格的空间必须足够容纳数人。

3. 开展头脑风暴，想出与项目变更或企业变革有密切利益关系的所有个人或群体，写出他们的名字。

4. 把每个人或群体的名字用黑体字写在纸上，每张纸上只写一个人或一个群体的名字，然后把纸张分发给参与者，人手一张。

5. 每位参与者都代表一个利益相关者，在经过团队的讨论达成共识之后，他们需要移动到团队认定的网格之中，然后举好自己手中的纸张，展示他们所代表的利益相关者。

6. 根据自己代表的利益相关者的影响力，每个网格内的人员采取站姿、跪姿或坐姿（站姿 = 大，跪姿 = 中，坐姿 = 小）。

7. 如果利益相关者（由参与者代表）所在的网格，恰恰是我们希望他们处于的位置（例如，从可以提供的支持或者影响力而言），那么就让他们保持站位。

8. 如果利益相关者（由参与者代表）处于另外一个网格，项目变更或企业变革更易管理，那么让代表该利益相关者的参与者用手势指出最适合该利益相关者的网格。最合适的网格是指在这个网格内，该利益相关者能够为项目变更或企业变革提供最大的帮助或者造成最小的损害。

9. 如果有参与者认为他们能够影响利益相关者改变其想法，从而改变利益相关者所处的网格，那么给予他们移动的自由。如果参与者认为自己无法影响利益相关者，那么寻找坐标系中是否有参与者认识的其他人员，可以影响他们所代表的利益相关者，让利益相关者移动位置。如果有，用绳子把能够产生影响的人员与位置不准确的利益相关者连接起来。

10. 在所有人就位之后，相应人员的手指向应该指的地方，连接的线也已经连接好，这时要么从各种可能的角度照相，拍下三维网格，要么在活动挂图上画出三维网格。

两种选择：

1. 解散活动小组，把照片发给每位参与者。每次召开项目会议的时候都使用照片的打印件，用以管理利益相关者关系。
2. 使用活动挂图上的分析图规划团队如何管理利益相关者关系。

注意要点

- 起初，一些参与制作分析图的人员可能会觉得站在、跪在或坐在画有网格的地上略显愚蠢，不想参与其中。通常情况下，只要有人踏入网格，摆出姿势，其他人也会纷纷效仿。

- 利益相关者分析图是一种动态的管理工具，在整个项目变更或企业变革中，分析图都在不断地变化。实际参与分析图的制作能够让参与者印象深刻，意识到制作正确的利益相关者分析图并妥善管理利益相关者非常重要。但是他们需要了解分析图会不断变化，而且他们在分析图的变化之中需要发挥自己的作用，他们的努力直接或间接地影响相应的利益相关者（见图3-4）。

图 3-4　三维利益相关者分析示意图

109

工具 23　　双词组合法

这是一个什么样的工具

使用者通过这件工具，利用与问题相关的词汇进行自由联想，从而创造对问题的全新理解。

何时使用

- 让我们对需要解决的问题有全新、深刻的认识，为需要做出的决策提供更多的信息。

需要什么

- 纸和笔。

如何使用

1. 用两个词组成的短语来概括问题。

2. 把两个词分别写在表格中两列的首行，然后针对每个词自由地展开联想，把想到的内容写在表格中对应的列中。

3. 把两列中的词汇随机配对，寻找其中形成的对问题的全新理解或者可能的解决方案。

举例如下。

我管理着一支20人的团队，团队的动力水平起伏不定。动力水平处于巅峰时，团队成员对于完成工作始终动力十足；而动力水平处于低谷时，团队成员对于完成任务自始至终缺乏动力（当然，随着团队成员状态的变化，团队的动力水平也会不断变化）。我希望知道如何才能在更多时段创造更高水平的团队动力。我制作了表格，两列的首行分别写上了"员工"和"动力"，并且针对这两个词展开不受束缚的联想，在对应的表格列中写出联想到的内容（见表3-6）。然后，我把两列中的词汇随机配对，看看是否会产生全新的想法。

表 3-6　双词组合举例

员工	动力	员工	动力
多样化的	幸福	困难的	聚会
团队	奖励	忙碌的	挑战
个人	认可	懒惰的	认可
聪明	礼品	人	成就

假如我随机地将"个人"和"认可"配对。我是否给予了"个人"他们应该得到的与其努力相称的"认可"？我是不是偏爱（给予过度的认可）团队中的个别成员，而忽视了其他成员，伤害了他们的感受？

我再把"懒惰的"和"挑战"配对。我是否给予了团队成员足够量的工作，以此刺激他们全力以赴？被我认为是"懒惰的"员工，他们比其他人更快、更高效地完成了工作吗？被我认为是"懒惰的"员工，如果他们能够更深刻地理解自己的工作背景以及自己的工作对于他人的重要性，是否会更好地完成工作？

我把"多样化的"和"成就"配对。我是否过于专注团队工作的某一方面，偏爱那些在这一方面表现出色的成员，而忽视了团队在其他方面也有出色的表现并取得了成就，仅仅是因为自己失察？

我把"忙碌的"和"幸福"配对。此前我是否只是忙于自己的工作，去追寻自我实现（幸福），却没有给予我的团队成员足够的重视？

在你把这些词汇随机配对时，它们会激发问题，而这些问题又会推开通向全新认知的大门。

注意要点

不要认为必须回答通过随机配对产生的问题，也不要觉得这些问题必然具有深远的意义。同样，也不要因为回答某个问题需要费力思考，就草率地跳过这个问题。最好的问题都是那些不可能迅速作答的问题，你会发现思考问题的时间越长，问题的价值就越大。

工具 24　　联想网格

这是一个什么样的工具

这是双词组合法（参阅工具 23）的升级版。

何时使用

- 与双词组合法一样，可以让我们对需要解决的问题有全新、深刻的认识，为需要做出的决策提供更多的信息。

需要什么

- 纸和笔。

如何使用

制作表格，包含 5 列或 6 列，总共 6 行。首先，思考需要解决的问题，展开联想，只要想到与问题有关的词汇或想法，就把它们写在表格单元里，一个词语或想法占一个单元格，顺序随意。然后，把表格中的想法随机组合，会产生全新的、具有创意的解决方案。举例如下。

现在你的工作让你不堪重负。你的上司向你保证，这只是暂时的情况；一旦雇用了新人，团队就会有新的成员，你的工作量便会减少，回到正常水平。

表 3-7　联想网格示例

压力	头疼	韧性	工作量过大	暂且休息
劳累的	不公平的	压力	缺乏支持的	帮助
委托	保护	辞职	优先事项	支持
借酒浇愁	重要的	紧急的	阻碍	噩梦
解决方案	难以处理的	精疲力竭的	紧张的	工作量太大

然后，随机地组合这些词汇，看看能产生哪些新的想法。

例如，我将"紧急的""重要的"和"优先事项"组合在一起。使用史蒂芬·柯维（Stephen Covey）的时间管理矩阵（见图 3-5），我可以开始按照紧急和非紧急、重要和非重要来确定工作的优先顺序。

	紧急的	非紧急的
重要的	1	2
非重要的	3	4

图 3-5　时间管理矩阵

　　将任何在我看来是紧急且重要的工作，写入1号单元格；任何重要但非紧急的内容，写入2号单元格，依此类推。我知道，我应该按照顺序进行，先填1号单元格，然后是2号、3号，最后是4号。我的大部分工作应该属于2号单元格，意味着我有时间从容地规划。到底怎么判断哪些工作是紧急的？这项工作给谁带来紧迫感？如果有人告诉我某项工作急需完成，那么我需要问一个问题："这项工作中哪个部分是急需完成的？"通常情况下，工作中的一小部分是重要且紧急的（1号单元格），其他部分属于2号单元格，即我可以有更多的时间去完成工作。许多工作，一旦委派给别人完成，就不再属于紧急任务。实际上，完成这些工作的时间远超预期。

　　现在，让我们来看看"委托"这个词，并将它与"工作量太大"和"噩梦"组合起来。你可以信任哪些团队成员？若你与他们聊天的时候说"我现在正在经历一场噩梦。我现在顶替离开的X，但是工作量太大了"，会有何结果？如果他们能够伸出援手，即便只是帮助你完成较为细小的工作，这也能让你集中精力解决更重要的问题。

　　将"缺乏支持的"和"阻碍"组合在一起。思考一下，你的常规工作时间是多久，你能够承受的加班时长又是多久。使用柯维的时间管理矩阵或者其他广泛使用的方法把工作按照优先次序分类，寻找真正的"阻碍"是什么。考虑一下如何才能再次与你的上司讨论目前的工作，表明你现在感到缺乏支持（当然，如果能换一种表述方法，不要用"缺乏支持"这种带有指责意味的表达，而是表明你现在迫切需要支持，效果会更好）。向上司提交你的工作优先次序列表，请求上司与你一起研究列表，询问其他人是否可以接手超出你承受上限的工作。

你会注意到，在这个示例中，通过联想网格找到的解决方案几乎是工作中的常识。但是，当你在工作中不堪重负时，可能很难理性地看待眼前的情况，而联想网格能够帮助你拨云见日，客观地看待问题。

注意要点

不要期望每个词汇或由词汇形成的组合都能让你获得新的见解或者想到新的解决方案。首先，围绕问题，尽可能不受约束地展开联想；即便你不清楚某个词是否与问题有关，也先把它写下来。随后，组合网格中的词，发挥你的想象力，尝试把这些组合与需要解决的问题建立联系。最不寻常的想法往往在潜意识中萌芽，以惊人的方式创造新的方法解决眼前的困局。

工具 25 　　　德尔菲法

这是一个什么样的工具

　　这个工具让专家按照规定的回合流程匿名地预测概率或者可能性的大小，这样，每次都可以根据专家的想法进一步改进自己的想法。这种方法由兰德公司的达尔基（Dalkey）和赫尔姆（Helmer）在 20 世纪 50 年代创立。专家通过匿名问卷或调查来交换意见，然后各自提交独立的报告，交给组织者，组织者整理报告并总结专家的观点。组织者进行多轮调查可以让专家深入发掘问题，改进自己的观点，最终达成共识。整个过程的匿名性保证了专家即便转变观点，其名誉也不会受损。

何时使用

- 你想了解未来事件的可能性和结果。例如，作为项目经理，你想知道未来的哪些事件会对你的项目产生影响。

需要什么

- 时间和耐心！（这是本书中耗时最长的方法）

如何使用

1. 指派一名组织者。在理想状态下，组织者应该具备收集和研究数据的能力。

2. 组建专家小组——对于你将要讨论的主题，专家需要具备相关知识和经验。

3. 定义需要解决的问题。对问题的定义清晰、全面，选出的专家能够理解表述问题的用语。

4. 第一轮：发放一份开放式的问卷，以此作为开始，针对某个领域收集信息。组织者整理专家的答案，进行总结，删除无关内容，归纳相同的观点。

5. 第二轮：组织者根据专家对第一份问卷的答案，制作一份新的问卷，精心设计，让专家对话题展开进一步的探讨。收到答案之后，组织者再次整理答案，进行总结，删除无关内容，归纳相同的观点和达成的共识。

6. 第三轮：组织者制作并分发第三轮的问卷，问卷调查的目的是为最终的决策提供支持。在第一轮和第二轮的问卷调查中，专家赞同哪些观点？（如果需要达成共识，你也可以选择增加问卷的轮次。）

7. 组织者分析最终一轮调查问卷的调查结果，根据达成共识的观点制订行动计划。

注意要点

即便研究的对象是相对简单的问题，德尔菲法的速度也较慢，所以要有耐心。在定义需要解决的问题时，一定要极其小心。专家讲求准确，甚至在这方面有些学究气，如果他们在问题的定义或办事流程中发现错误，就会揪住不放，这样会影响德尔菲法的实施过程。他们回答问卷的速度较慢，因为他们的工作异常忙碌，或者主题的重要程度尚不足以抓住他们的想象力。

工具 26	莲花构思法

这是一个什么样的工具

莲花构思法由日本的松村康复（Yasuo Matsumura）发明，它可以与头脑风暴法和思维导图一同使用，把固定的结构和创造力融合在一起，以这样的方式构建一幅描绘问题全貌的图形。这种方法不仅简洁精练，还可以揭示事物之间的复杂关系，发掘标准头脑风暴法所不能触及的深度内容。

何时使用

- 标准的头脑风暴法给出的解决方案缺乏深度。
- 需要探究问题各个方面之间的关系。

需要什么

- 活动挂图和记号笔。

如何使用

1. 在纸张的中心绘制一个 3×3 的网格（见图 3-6）。这是 1 号网格，它代表的是需要解决的核心问题或需要进行探索的主题。你把需要研究的问题总结为一个词语或短语，写在网格的中央。

	核心观点	

图 3-6 莲花构思法（步骤 1 ）

围绕在中央单元格周围的每个单元格都代表主要问题的一个分支。

2. 开展头脑风暴，思考解决方案、与问题相关的概念或想法，然后在问题所处的中心单元格周围写下能够准确地描述它们的关键词。最初，让你提出 8 个相关的想法可能会非常困难，但是一定要坚持下去——思考到的细节越多，解决方案的内容就越丰富，各种想法之间也会产生更多的联系。为了演示，我们把发散出的子观点填入的单元格标记为从 A 到 H 的字母（见图 3-7）。

A	B	C
H	**核心观点**	D
G	F	E

图 3-7 莲花构思法（步骤 2 ）

3. 在中央网格的周围，再画 8 个 3×3 的网格，网格 A 到网格 H，上面 3 个，下面 3 个，左右各 1 个（见图 3-8）。这些网格是用来进一步思考子观点 A 到 H 的细节的。

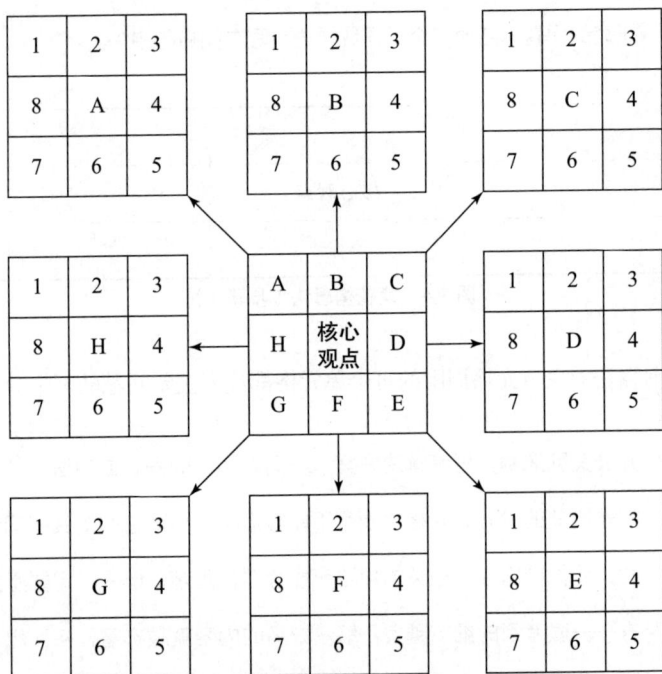

1	2	3
8	A	4
7	6	5

1	2	3
8	B	4
7	6	5

1	2	3
8	C	4
7	6	5

1	2	3
8	H	4
7	6	5

A	B	C
H	核心观点	D
G	F	E

1	2	3
8	D	4
7	6	5

1	2	3
8	G	4
7	6	5

1	2	3
8	F	4
7	6	5

1	2	3
8	E	4
7	6	5

图 3-8 莲花构思法（步骤 3）

4. 把你在中央网格中发散出的子观点（在我们的示例中，是 A～H 字母）写到周边网格的中央。图 3-8 会向你展示最终效果。

5. 对于周边的 8 个网格，把子观点作为中心观点，围绕它们继续进行头脑风暴，并把思考所得写在中心观点的周围。在我们的示意图（见图 3-8）中，在每个网格我们都简单地用 1～8 这 8 个数字来表

示。在实际应用中，分出的 8 个网格中，每个网格都要填入 8 个子
观点发散出的内容（子观点的子观点）。

6. 完成之后，你就拥有了 64 个想法，它们可以帮助你解决最初的核心
问题。当然，这 64 个想法的有效性和重要性各不相同，你可能会在
其中一两个想法的启发下找到问题的最佳解决方案。然而，从更全
面的视角审视问题，你能够确定解决方案在业务或组织的其他方面
产生的连锁反应。

有待解决的问题——我们希望改善呼叫中心的客户服务。对于
我们的业务来说，客户服务至关重要。

在中央网格，我们写上"呼叫中心"，然后开展头脑风暴，想出
与"呼叫中心"相关的想法（见图 3-9）。

监控重复联系	客户反馈	信息共享
积极主动而非消极被动	**呼叫中心**	更短的反应时间
激励措施	客户联系偏好	员工培训

图 3-9　莲花构思法示例 1

这些发散出的内容，就对应前面 A ~ H 网格中的中心想法。然
后，我们针对每个网格的中心想法，开展头脑风暴法。

让我们以 C 字母代表的网格为例。在中心，我们写上"信息共
享"。我们认为呼叫中心的员工在信息共享方面做得越好，员工做的

重复工作就越少，他们为客户提供的服务会更迅速、更一致。

对"信息共享"展开头脑风暴法，收获下述想法（见图 3-10）。

分享聪明的解决方案	相互培训	使用内部网
分享最佳实践	**信息共享**	发布常见问题
给超级用户通过电子邮件提出建议	创建客户网络论坛	编制员工手册

图 3-10　莲花构思法示例 2

针对中央网格的所有子观点，重复前面的过程。这样你就能获得大量的想法，以此帮助你将管理工作集中在提升呼叫中心的服务上。

变化

完成 8 个网格需要 64 个想法，最初这项任务显得高不可攀，令人生畏。实际上，在头脑风暴活动中，产生 64 个想法并不是什么新鲜事。相比传统的头脑风暴法，莲花构思法为思维提供了稳定的框架。你需要根据 8 个标题，分别想出 8 个新的想法。

- 如果你在团队中使用本方法，需要对团队成员进行分组。在全体活动中，大家一同参与选出 8 个主要方面，每组负责其中的一两个。你可能需要印出 9 张空白的网格，其中核心话题占一张，8 个子话题各占一张。然后将空白的网格发给每个小组。相比完成全部 9 个

9×9 的网格图，只需要完成 1 个 9×9 的网格会轻松许多。每组完成自己的网格之后，把所有的网格拼在一起，固定在一面墙上，便于所有人能够看到 9 张网格图的全貌。这里我想提醒大家：如果所有人一起完成所有的网格图，在构建 9 张网格图组成的整体网格时，大家会看到或建立事物之间的彼此联系。如果小组相互独立，各自完成一张网格图，大家能够想到的事物之间的联系数量会有所下降，导致本方法的最终效果受到影响。

- 网格图中的单元格，除了长方形，根据"莲花构思法"这个名字，有些人还创建了花形的网格图，把核心话题写在中间，然后把子话题写在周边围绕的花瓣内（见图 3-11）。

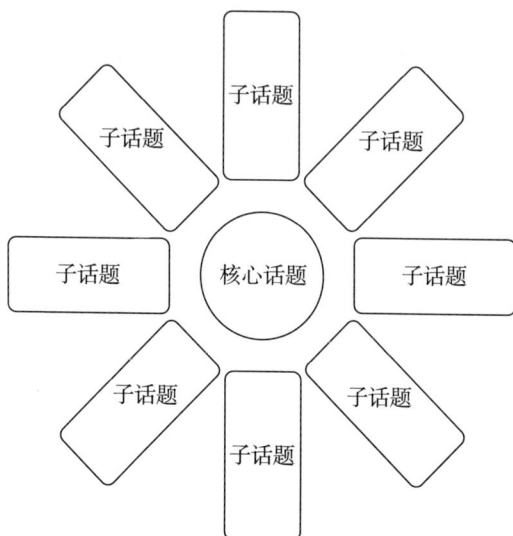

图 3-11　花形的网格图

注意要点

中央网格中的子观点质量越高，最终得到的解决方案实施起来效果就越好。在填写中央网格时，你应该深思熟虑，多投入一些时间，这样思考其他网格的内容时也会更加顺畅。

工具 27　　图像联想法

这是一个什么样的工具

在解决问题的时候，我们往往考虑的是显而易见的原因，却忽略了潜在的、真正的问题。图像联想法是帮助我们发挥创造力的工具，随机选择一些照片，联想它们与需要解决的问题之间的联系。随着我们进行创造性的甚至是天马行空的联想，问题的解决方法也会逐渐浮现。

何时使用

- 团队成员的创造力和想象力都比较强。
- 团队成员厌倦了传统的头脑风暴法。

需要什么

● 一组照片，照片之间没有明显的具体联系。

如何使用

1. 表述需要解决的问题或探讨的话题。

2. 给参与者分发一些照片，确保照片涉及各种各样的主题。

3. 要求参与者对照片里的图像和需要解决的问题进行联想，记录自己联想的内容。

4. 在全体活动中，要求参与者说出自己的想法，并且根据他人的解决方案激发自己新的想法。

5. 在大家提出所有解决方案之后，使用 PMI 方法（请参阅工具 4）对它们进行分类，或者使用投票、排名的方法排列它们的主次顺序。

注意要点

与其他激发创造力的工具一样，注重过程或逻辑严谨的成员在照片和需要解决的问题之间建立的联系总是缺乏想象力。你需要强调两者之间的联想不受任何约束，以此激发大家的思考，帮助大脑发挥创造力，展开联想，而不是通过直接的、合乎逻辑的方式去思考问题。

工具 28　　随机词汇法

这是一个什么样的工具

与图像联想法一样，随机词汇法让我们可以充分地发挥想象力，将原来显然与问题本身无关的内容和眼前的问题联系起来。相较于解决问题的线性方法，这种方法能带来更多的创造性见解。

何时使用

- 需要跳出问题显而易见的解决方案。

需要什么

- 纸和笔，或者活动挂图和记号笔。

如何使用

首先，陈述需要解决的问题，随机选择一本书，翻到任意一页，选择页面上的任意一行。其次，找出该行的第一个词，然后把它写在活动挂图上。然后，要求团队成员说出任何他们想到的与这个词有关的内容，即便想法天马行空也不要紧。事实上，想法越有创造性，最终的效果会越好。最后，把成员说出的每个词或短语写在活动挂图上。在这个阶段，不要对大家的想法进行讨论。

当大家已经没有更多想法的时候，重新陈述需要解决的问题，要求团队成员自由发挥想象力，把刚才头脑风暴得到的想法与需要解决的问题建立联系。他们可以把头脑风暴得到的多个想法组合起来，然后通过联想与需要解决的问题建立联系。举例如下。

一家餐馆的老板担心，因为餐馆位置不佳，可能无法吸引到所需的客流量。尽管餐厅地处大城市的中心地段，但是具体位置是在主要商业街旁边的小巷之内，并不显眼。她需要想出尽可能多的方法，从而吸引更多的客人来店里就餐。

团队随机选择了一本书中的一页并随机挑出一行，该行的第一个词是"锤子"。团队提出的想法包括：

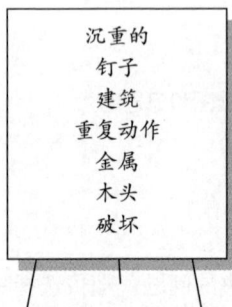

沉重的
钉子
建筑
重复动作
金属
木头
破坏

团队开始发挥想象力，把这些想法与需要解决的问题联系起来。产生的想法有：

- 在晚上举办重金属或者其他主题的音乐活动，以吸引不同的观众（"沉重的"和"金属"）。

- 在店里，孩子们可以拿到比萨饼饼底，然后根据自己的喜好，用不同的食材配料装饰自己的比萨饼，随后自己烹饪和食用（"建筑"）。

- 举办希腊主题夜活动，当晚有希腊美食、音乐，还有摔盘子活动（"破坏"）。

- 办理会员卡后，每消费 6 次，可以免单 1 次（"重复动作"）。

- 美容师在午饭前提供美甲和面部护理服务（"指甲"）。

注意要点

在随机选出词汇并联想得到各种想法后，参与者可以先尝试用逻辑思维把这些想法与需要解决的问题联系起来。这样，他们就能理解随机词汇法之所以有效，是因为它让使用者无拘无束地进行联想，把各种想法结合在一起，在事物之间建立新的联系。

工具 29	挑战假设

这是一个什么样的工具

这个激发创造力的工具非常简单，但是效果极佳。对于一个你熟悉的事物，列出你所知道的一切，然后把每一条内容作为一个假设，为这些显而易见的事情寻找替代方案。

何时使用

- 你感到解决问题受到体制或流程的束缚。
- 你感到某个设计过于老旧、令人厌倦。

需要什么

- 活动挂图和记号笔。

如何使用

1. 针对当前讨论的对象，要求团队成员说出他们知道的所有内容。例如：当前事物的属性有哪些？把它们列在活动挂图上。

2. 随后告诉团队成员不要把这些属性视作真实的或固有的，它们仅仅是假设的事实。

3. 针对列出的每个属性，要求团队成员给出一两种替代方案。

4. 把所有的替代方案集合在一起，看看你能创造什么。

例如：

想象一下，回到使用座机电话的时代。早期电话的标准属性是什么？

这些属性包括：

把这些属性用新的属性替代：

- 座机有拨号盘——改成触摸屏、按键拨号或语音控制。

- 座机的机身和听筒是分离的——把它们整合成一个整体。

- 座机是固定的——让它变得方便携带。

- 座机重量不轻——减轻它的重量。

- 座机由导线连接——去掉座机的导线。

- 有人来电，座机会响铃——让它播放音乐或闪灯提示来电。

在短短几分钟时间里，你已经"创造"出了一部手机！

注意要点

一开始，部分参与者会反对做出变革，他们会说"你不能这样做"，原因仅仅是因为他们此前一直以固定的方式去完成某项任务，做出变革会让他们走出自己的舒适区。其他人则可能只是为了变革而变革。使用这个工具，活动组织者需要有力地引导参与者，保证各种观点交流顺畅，确保团队成员既不陷入保守主义，也不会产生过度稀奇古怪的想法，保持良好的平衡。

工具 30　　比喻映射法

这是一个什么样的工具

有时，如果我们直截了当地解决问题，就很难找到创造性的解决方案。本方法的内容是找到与需要解决的问题类似的问题，针对这个类似的问题，开展头脑风暴，想出解决的方法，然后"逆向映射"到需要解决的问题上。

何时使用

- 传统的直截了当解决问题的方法提供的解决方案缺乏创造性。

需要什么

- 活动挂图和记号笔。
- 纸和笔。

如何使用

1. 陈述问题。

2. 针对需要解决的问题，请参与者提出一个类似但是不同的问题。

3. 寻求这个类似问题的解决方案。

4. 发挥想象力，把这些解决方案逆向映射到原有的问题上。

5. 从逆向映射得到的内容中挑选具有价值的想法。

例如：

1. 吸引更多的客户/顾客——抓鱼。

2. 发展我们的业务——种植庄稼和花卉。

3. 减少工作中的官僚作风——给花园除草。

我们以第三个例子为例——减少工作中的官僚作风。

第一步，我们面对的问题是工作中程序过于繁杂，需要填写太多的表格。即便是最普通的工作，也有琐碎而死板的要求。每项工作都需要数个层级的授权。我们花在繁文缛节上的时间似乎比花在实际工作上的还要多。

第二步，我们选择了一个类似的问题，即"给花园除草"。

第三步，我们必须开展头脑风暴，思考给花园除草的各种方法。思考得出的想法可能包括：

- 翻动土壤，暴露杂草的根部，这样更容易除草作业。

- 使用除草剂。

- 连根挖出令人厌烦的杂草。

- 确保在拔出杂草的同时，保留我们需要的花卉，等等。

第四步，我们需要把刚刚得到的解决方案"逆向映射"到初始的问题上。这一步的诀窍是尽量不要设置条条框框，不要试图寻找完全匹配的对象。例如：

- 翻动土壤，暴露杂草的根部——彻底检查现有的政策和工作流程，筛查出其中缺乏依据、脱离实际的内容。

- 使用除草剂——毫不留情地取消无用的行政程序，清除干净，一点儿不留，因为这是我们一贯的做法。

- 连根挖出令人厌烦的杂草——这确实与前面的想法有所重复。但是在本方法中，这并不是问题。因为在通常情况下，重复的想法表明这些想法背后有着强烈的情感驱动。如果大家觉得这是正确的方式，那么很可能确实如此。

- 保留我们需要的花卉——我们要注意，不要过于激进，否则可能会导致我们抛弃有效的政策和工作流程。

本示例相对简单、直白。把需要解决的问题比喻为其他事情，然后进行讨论，参与讨论的人员情绪会相对平和，这可能是因为经过比喻得到的话题并不涉及参与讨论人员的切身利益。那么，讨论产生的决定看起来更易执行。

注意要点

有些团队成员很难实现从喻体到本体的映射，他们可能会尝试在喻体与本体（即需要解决的问题）之间建立直接的联系。对于这样的团队成员，要鼓励他们突破思维的界限，把比喻映射法作为思维飞跃的起点，而不是去构建一个彼此可以精确映射的平行宇宙。

工具 31　　参考借鉴法

这是一个什么样的工具

花费时间去解决一个别人已经解决的问题是毫无意义的。本方法的核心是确定还有谁会面临我们目前所面临的问题，他们又是如何解决问题的，他们有哪些值得我们借鉴的经验。即便我们的问题和他们的问题并不完全相同，也没关系，重点在于他们找到的解决方案值得我们借鉴、学习。

何时使用

- 需要迅速获得解决方案时。

需要什么

- 纸和笔。

- 如果是在人数较多的团队内使用，需要活动挂图和记号笔。

如何使用

1. 陈述问题。

2. 问题发生在我们的组织之中，撇开它的具体背景，从宏观视角出发，列出还有哪些人此前遇到同样的或类似的问题。你可能会想到公司的竞争对手、类似的组织，甚至是与你所处工作领域无关但是曾经面临类似问题的组织或个人。

3. 为了解决问题，他们做了哪些工作？

4. 我们如何直接采用相同的解决方案或者对解决方案做出修改后使用？

例如：

一家 IT 维修公司希望能更快地满足客户的需求，提供更快、更好的服务。

类似的问题——医生对患者候诊时间进行的管理。

针对患者候诊时间的问题，医生列出他们具体做了哪些工作，根据医生的解决方案，IT 维修公司写出了修改后适合自己的方案（见表 3-8）。

表 3-8　医生对患者候诊时间进行的管理

医生的解决方案	IT 维修公司的解决方案
严格按照来电顺序接待患者	取号等待机制

（续）

医生的解决方案	IT 维修公司的解决方案
分诊机制	按紧急程度或其他标准对维修进行分级
候诊室触屏登记	客户在线登记问题，避免占用电话资源
培训药剂师，让他们为病情不严重的患者提供治疗方案	培训呼叫中心的员工，给问题不严重的客户提供解决方案

注意要点

使用这种方法存在的弊端是参与者可能会找出种种理由，不承认别人也曾面临他们所面临的问题。这可能是因为如果其他人已经找到了解决方案，而他们却没有，会有损颜面。他们可能会多次进行"是的，但是……"这样的争辩。你首先需要让参与者对自己目前的工作感觉良好，让他们感到自己是解决问题团队中的重要一员，以此作为使用本方法的初始背景。你应该强调团队成员在本领域的经验，从而让他们成为帮助你解决问题的不二人选。

工具 32　　"如何"递进法

这是一个什么样的工具

通过思考事情是如何发生的，并且依靠不断提出"如何"这个问题，层层推进，你可以迅速找到问题的根源。通过回答"某事是如何发生的"这个问题，你会逐渐发现新的工作方法。

本方法虽然简单，但是效果极佳，它具备如下优势：

- 本方法让参与者可以平行地开拓思路，每个问题及其答案都能激发更多的问题及其答案。

- 本方法让参与者不必遵循特定的思路，如果通过讨论问题寻求问题的解决方案，参与者会被迫遵循与他人一样的思路。

- 本方法能调动几种感官——视觉、听觉和感觉（放置卡片需要接触卡片），而且本方法的核心是通过建立事物之间的联系解决问题，而不是线性地处理问题，这也符合大脑自然的工作方式。

- 本方法的整个流程，让参与者有机会改变主意，修正自己的想法，而不像较为传统的问题解决流程那样，参与者有时只能默默地接受具有缺陷的想法。

何时使用

- 试图分析问题的根源。
- 试图寻找新的工作流程或工作方式。

需要什么

- 索引卡或便利贴。
- 一张桌子。

如何使用

在下面的例子中，我们聚焦于产生新的想法（见图3-12）。这些原则也适用于分析工作的错误原因。我们需要提出的问题不是"我们如何才能完成这项工作"，而是"这件事如何才会发生"。

1. 清晰地陈述问题，确保所有人准确地理解它。把问题表述为一种需要。例如："在未来3个月，我们需要把零部件的销售额提升50%"或者"我们需要吸引更多的读者来图书馆，避免图书馆倒闭"。
2. 把问题写在一张卡片上。

3. 把卡片放在桌子左边的中间。

4. 询问团队（如果是单独使用本方法，则自问自答）"如何才能做到"。

5. 把每个可能的答案写在卡片上，一张卡片上写一个答案，然后将写有答案的卡片在桌上纵向排列，放在写有问题卡片的右侧。

6. 针对每个答案，继续追问"如何才能做到"，写出答案，依旧是一张卡片上写一个答案。把每个答案放在对应的问题的右侧，这样就形成了层级结构或树状结构。

7. 继续重复这个流程，直到你没有进一步的问题，找到了问题的解决方案。

瞄准更广泛的客户群体	市场调研	使用市场调研人员

售卖不同颜色的款式	调研销售量最好的配色款式	与产品外形负责人交流

提升零部件的销量

雇用更多的销售人员	提升佣金	行业标准

拓宽销售区域	合并北威尔士和威尔士地区的销售市场	雇用二级销售人员

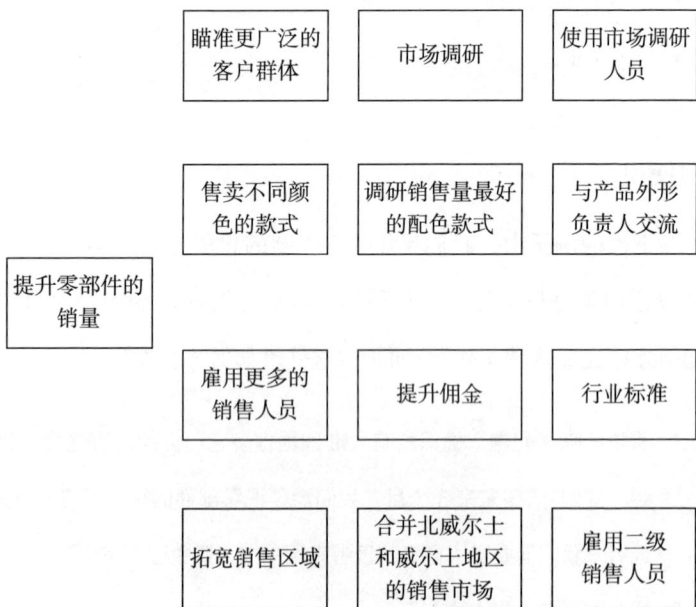

图 3-12 "如何"递进法工具示例

变化

除了在桌上放置卡片实现本方法，也可以在墙上或活动挂图上使用便利贴。

注意要点

在组织使用这种方法的时候，组织者要对参与者的反应保持敏感。即便某个工作流程存在问题，部分参与者依旧会为之百般辩解。所以，对于让他们走出舒适区的新的工作方法，他们可能也极不愿意进行讨论。

工具 33	**5 个为什么**

这是一个什么样的工具

日本株式会社丰田自动织机制作所（Toyota Industries）的创始人丰田佐吉在 20 世纪 30 年代开发了"5 个为什么"这一工具，以此分析产生问题的根本原因。如果我们怀疑问题存在多个根本原因，不断地提问"为什么"，可以揭示全部的根本原因。无论是否需要完整地实施"5 个为什么"这种方法，面对棘手的问题，我们要质疑与之相关的方方面面。这就像一种意识流练习，可以揭示此前未能发现的根本原因和相关问题。

六西格玛（Six Sigma）是改进企业流程的方法，在它的分析阶段，也可以用到"5 个为什么"。最适合使用本方法的人员正是与改进流程相关的人员。

何时使用

- 工作流程无效。

- 按照工作流程开展工作，但是最终出现错误。

- 需要开展质量改进。

- 问题具有多个原因，需要确定它们彼此之间的关系。

需要什么

- 活动挂图和记号笔。

如何使用

1. 陈述工作出错的部分，提出问题，为什么工作会出现错误。

2. 写下答案。根据实际情况回答问题，而不是猜测可能的情况。答案是否揭示了问题的根本原因？如果是，那么据此提出应对措施，防止问题再次发生。

3. 如果没有，继续提出"为什么"的问题，重复第二步。

4. 不断地重复第一步和第二步，直到你再也提不出进一步的问题，找到最终答案。

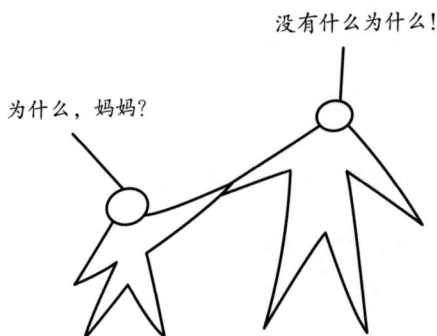

为什么，妈妈？

没有什么为什么！

"5 个为什么"方法给出的是应对措施，而不是解决方案，因为采取应对措施的目的是防止问题再次发生，实施解决方案的目的是解决目前存在的问题，并且在问题再次出现时再次发挥作用。你提出"为什么"的次数并不重要，无论是 1 次还是 50 次，所谓的"5 个为什么"只是虚指。在实践中，你需要不断地发问，直到找到问题的根本原因。

例如：

为什么我们失去了 ABC 公司这个大客户？

因为我们最近的三批货物延迟交货了。

为什么我们最近的三批货物延迟交货？

因为我们在新的跟踪系统中记录了错误的装运日期。

为什么我们在新的跟踪系统中记录了错误的装运日期？

因为我们的管理员不知道如何使用新的跟踪系统。

为什么我们的管理员不知道如何使用新的跟踪系统？

因为他没有接受过新的跟踪系统的使用培训。

为什么他没有接受过使用培训？

因为针对新系统的培训本周才正式开始，这是在 ABC 公司的货物装运之后发生的事情。

解决方案：确保所有人在使用新的跟踪系统计划装运之前都接受了相关培训。

注意要点

确保提出正确的问题。通常情况下，我们无法解决某个问题是因为我们关注的方面有误，所以提出了错误的问题。例如，许多组织会问："为什么人们不购买我们的产品？"首先应该提出的问题是"为什么现有的客户会购买我们的产品？"显然后一个问题会让你把焦点放在巩固自己的优势上，而不是全面研究竞争对手的做法。你关注的焦点决定你最终的收获，想要快速获得回报，需要对起始问题进行前瞻性的思考和设计。

工具 34 　　果冻小人树

这是一个什么样的工具

　　"果冻小人树"（Jelly Baby Tree）是颇受大家欢迎的卡通形象，画中一些"果冻小人"以不同的姿势出现在大树的不同位置上。这个形象可以应用于各种情景之中，包括进行冲突管理，给出职业规划建议以及做出与职业前景、组织结构设计和组织变革相关的决策。这件工具虽然简单，但它能够让人们远离情绪化的争论，针对问题，展开理性讨论。

何时使用

　　果冻小人树的用途很多，只要你能想到的，都可以使用！它的用途包括但不限于：

- 解决两名同事之间的争执。
- 帮助个人制定职业发展规划。

- 帮助组织制定发展路径规划。
- 进行组织结构设计。

需要什么

- "果冻小人树"画作的复印件。
- 彩色铅笔或蜡笔。

如何使用

解决两位同事之间的争执

1. 请来发生争执的两位同事，向他们解释两人在工作中和谐相处的重要性。

2. 告诉他们你接下来需要进行的试验可能乍看之下有些古怪，但是你认为这个活动能够帮助两人化解争执。

3. 给每人一张"果冻小人树"的图片和几支彩色铅笔。

4. 他们认为图中哪些果冻小人能代表自己，给它们上色；哪些果冻小人能代表对方，给它们涂上另外一种颜色。

5. 请他们向对方展示自己的图片，邀请双方轮流解释挑选果冻小人和上色的原因。

6. 活动中，因为两人投入大部分的时间专注于选取需要上色的果冻小人，以及不带感情色彩地描述他们为什么挑选这些小人，两人会更加冷静、理性地讨论他们发生矛盾的原因。每个人对于树上相同位置的小人会有不同的理解，你会听到他们说："我选择这个小人，是因为它在做 X 事。"另外一个人可能会答道："哦，我没有看到这一点，我认为这个小人在做 Y 事情。"果冻小人树帮助他们站在第三方的视角上，讨论彼此之间的问题，因为消除了最初的对抗情绪，双方开始意识到他们可以理性对话，矛盾的原因可能只是他们看待问题的视角不同，那么他们有达成一致的空间甚至可以完全解决争执。

帮助个人制定职业发展规划

这个工具用于帮助个人制定职业发展规划时，应该以一对一的方式进行，因为这需要对方敞开心扉，谈话内容可能会涉及个人隐私。

1. 给需要进行职业发展规划的参与者一张果冻小人树图片和几支彩色铅笔。

2. 请他们研究图片，选择一个果冻小人，用它代表他们现在在职业生涯中所处的位置，然后上色；再选择一个果冻小人，用它代表他们想要到达的位置，比如 1 年后或 5 年后自己所处的位置（根据参与者的个人情况选择时间，参与者可以选择不同的果冻小人代表不同时间自己所处的位置），然后涂上另外一种颜色。

3. 请参与者描述选择每个果冻小人的原因、他们对图片的理解。避免批判或评价参与者的看法，不要告诉他们，你不该这样看待这个果冻小人。使用这种方法，真正重要的是他们对于图片的理解。

4. 询问他们，想要达到他们选择的果冻小人所处的位置，他们觉得自己必须做出哪些努力。以此作为开端，设置他们的职业目标或者开展个人发展规划。

帮助组织规划发展路径和进行组织结构设计

使用果冻小人作为整个团队或部门的象征，使用这种方法来激发思维，思考组织的现状，并构想未来的组织结构。

1. 复印果冻小人树的图片，分发给解决问题的参与者，要求他们给不同的果冻小人上色，用它们代表组织内不同的团队或部门。

2. 请他们考虑在目前的组织结构中，较为有效的是哪些部分，需要改进的是哪些部分。

3. 让他们在果冻小人树的图片中尽情地发挥自己的创造力。例如，可以画上箭头，指示哪些部门应该合并，还可以画其他符号，表明哪些组织结构行之有效，而哪些组织结构应该进行变革，等等。

尽情地发挥你的创造力，赋予果冻小人树图片更多的用途！

注意要点

偶尔，参与者会坚持认为，对于果冻小人的某个姿势，只能用一种方式来解释，并且很难认同别人对这个姿势的解读。你需要从一开始就强调本工具的优势之一就是各种不同的解读。例如，有些人认为位于树顶的果冻小人取得了极高的成就，实现了自己的雄心壮志，到达职业生涯的巅峰；其他人则认为位于树顶的果冻小人极其傲慢，居高临下，轻蔑地俯视他人。有些人认为建造树屋的果冻小人是商业帝国的缔造者；其他人则认为这样的果冻小人表示他在职业生涯中已经不再进取，工作上得过且过，人际关系上八面玲珑，只等从目前的职位上退休。

工具 35　　未来冲击法

这是一个什么样的工具

"如果我或者我们继续做某事，几周、几个月或几年之后会产生何种结果？"这个工具为此提供了简单且结构化的方法。

我们生活在一个不断变化的世界里。世界并不是为了支持你的组织而存在的；相反，你的组织必须适应这个世界。组织会受到外部因素和内部因素的影响，如果组织忽视它们，那么结果可能是灾难性的。未来冲击法迫使你考虑决策或变革的中长期影响，或者考虑继续目前的做法而产生的影响。

何时使用

- 进行战略规划或业务规划。

需要什么

● 活动挂图和记号笔。

如何使用

1. 找到组织内你需要关注的领域。

2. 展开头脑风暴，思考该领域目前使用的工作流程和制度体系。

3. 概述你目前在这个领域取得的成果。

4. 针对每个工作流程和制度体系，回答：如果我们继续如此，在未来某个时间，结果会如何？

5. 想到答案后，依次记录下来，不要进行评估。

6. 依次讨论每个答案，强调重点是我们可以 / 将要 / 必须做哪些工作，以此保持或提升我们目前的水平。

7. 拟议变革及其可能产生的结果会影响其他业务领域，并产生连锁效应，注意探讨这种连锁效应。

注意要点

　　有些参与者在使用这种工具时，会感受到威胁，有数个原因。首先，有的参与者对自己的未来有所顾虑，他们可能发现待议的变革计划，会完全打乱自己的个人计划；其次，有些人会认为变革存在风险，意味着自己的组织会遭受危险，进而自己的工作也可能遭遇危险，这令他们感到不适，认为一切都应维持原样；最后，有些人对于自己角色的变革感到不悦，如果你要对组织做出变革，这是不可避免的结果。所以使用本工具要谨慎小心，要对各方反应保持敏感。

工具 36	假设法

这是一个什么样的工具

这种方法的灵感来自吉他手兼喜剧演员迈克·雷伯恩（Mike Rayburn）在 TEDx[①] 上的一次演讲，他采取了"假设法"（what if）的思维方式，去探索单口喜剧和音乐中的创新。雷伯恩认为，与其去考虑我们可以做到哪些事情，不如去思考哪些事情很"酷"！现在请你暂时不要考虑事情的可能性，用假设法大胆地设想，你能勾勒出怎样的未来？假设法可以把大家眼中的问题转化为机遇，产生创新性想法的种子，这粒种子可以用本书中的其他方法开发和培养。

---

① TED（指 Technology, Entertainment, Design 三个单词首字母的组合，即技术、娱乐、设计）是美国的一家私有非营利性机构。该机构以它组织的 TED 大会著称，这个会议的宗旨是"传播一切值得传播的创意"。在"传递优秀思想"这一价值的指引下，TED 推出了一个名叫 TEDx 的项目。所谓 TEDx，是指那些由本地 TED 粉丝自愿发起、自行组织的小型聚会，让本地的 TED 粉丝能够聚到一起，共享 TED 一刻。TED 不会参与 TEDx 活动的组织，但是会对活动组织者给予指导和建议。——编者注

何时使用

- 富有活力和进取心的组织或者团队想要探索需要进行哪些变革，使用这种方法效果极佳。

需要什么

- 活动挂图和数支记号笔。

如何使用

1. 陈述业务问题。可以直接提出业务存在的问题，可以解释目前的工作流程或者说明组织内部开展某项工作的方式。

2. 参与者使用假设法，说出可能的解决方案。无论这些想法乍看之下多么离奇、多么不合常规，都没有关系。

3. 记录参与者说出的解决方案，不要进行辩论、评判或讨论。

4. 在进一步研究这些解决方案之前，可以要求参与者对他们提出的方案排序；然后使用本书中的其他方法进行进一步的探究，如 PMI 方法（请参阅工具 4）。

注意要点

这种方法需要参与者暂且放下他们对可能性的判断。如果团队成员对各种新的可能抱有开放的心态，对围绕变革进行创造性的思考感到兴奋，使用这种方法效果最佳。鼓励参与者从活动伊始就保持完全开放的心态，捕捉全新的可能，挣脱所有的固有束缚。这种方法的本质是思考你能做到什么，而不是你不能做到什么。即便现在你还不知道实现的方法，但是只要这件事益处多多，吸引力十足，你终将找到将其变为现实的途径。

工具 37　　否定假设法

这是一个什么样的工具

本方法通过权衡不实施解决方案的益处是否超过实施解决方案的益处，以此测试解决方案是否有效（为了获取更加广阔的视角，请参阅工具 7）。

何时使用

- 针对问题，你已经制定了解决方案，但是不确定是否能够收获预期收益。

需要什么

- 根据参与者的数量，准备活动挂图和记号笔，或者普通的纸和笔。

如何使用

1. 陈述问题并提出解决方案。

2. 开展头脑风暴，思考实施解决方案可能带来的所有益处，并记录下来。

3. 针对每种益处，思考"如果我们不实施这个解决方案或不需要实施这个解决方案，会怎样"，例如，思考"解决这个问题的代价是什么"以及"如果不去解决这个问题，代价又是什么"。

4. 正面的观点认为实施解决方案会带来益处，为这些观点打分（最低1分，最高10分），再给所有反面观点，即认为不实施解决方案益处更大的观点打分（最低1分，最高10分）。然后把两边的分数相加，看看哪边的分数更高。如果认为实施解决方案会带来益处的观点分数更低，显然不应该继续使用该方案解决问题；相反，接受这个方案就是既定解决方案。举例如下（见表3-9）。

表 3-9　否定假设法举例

可能的益处	如果我们不涨薪，会怎么样
员工更愿意留任 较低的招募成本 员工的工作积极性更高 感到与我们的竞争对手不相上下	• 我们的行业竞争激烈，员工流失率很高 • 即便他们的薪资更高，我们的员工流失水平也与竞争者旗鼓相当 • 因为业内的员工流失率较高，即便提高薪资，我们依旧需要大量招募人员 • 众所周知，金钱只是保健因素，而非激励因素

（续）

可能的益处	如果我们不涨薪，会怎么样
	• 实际上，我们也会从竞争对手的公司招募人才，因为在就业市场上，大家认为我们为员工提供的待遇更好 • 我们可以投入更多的资金发展业务
7分	9分

我们是否应该给员工涨薪 5%，匹配我们最大竞争对手提供的薪资。

虽然涨薪可能带来的益处看似诱人（得分为 7 分），但是每个益处都被相反的观点抵消（得分为 9 分）。这表明，总的来说解决方案不值得实施。

注意要点

参与者的思考可能会基于自己的经验，而非理性思考，导致他们固执己见，认定实施方案一定会有某些"益处"。参与者还可能会因为方案是自己提出的，从而维护自己的想法，认为方案的实施势必会带来某些益处。有些方案的好处显而易见，我们需要冷静地思考后才能对它们说"不"，因为从长远的角度来看，相反的选择效果更好。

工具 38　　换框法

这是一个什么样的工具

换框法是一门艺术，是从全新的角度重新表述问题，从而获得全新的见解。例如，使用这种方法，让我们可以把问题视为机会，或者把灾难视为学习经历。对于此前被视为负面的内容，使用这种方法，可以看到它积极的一面。就像一幅平庸的画作，也可能因为漂亮的画框而变得出彩。

何时使用

- 获得问题的全新见解。
- 告知他人决策结果。
- 工作出现错误之后提振士气。

需要什么

- 活动挂图和记号笔。

如何使用

1. 展开头脑风暴，思考团队、部门或组织面临的最迫切的问题。

2. 以问句的形式表述每个问题。

3. 依次邀请参与者表述问题，让问题变成一次探索，变成一个机会。

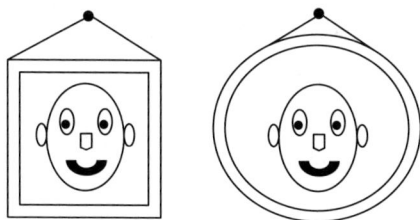

依旧可爱……

举例如下（见表3-10）。

表3-10　换框法举例

问题	换框表述
为什么购买我们产品的客户不多	· 为什么客户会购买我们的产品 · 哪些客户会购买我们的产品，我们是否可以拓展这个方面的市场

（续）

问题	换框表述
为什么我们与 X 客户难以合作	• 我们可以采取哪些不同的方式更有效地与 X 客户合作 • 目前我们与 X 客户关系不佳，这个局面是如何造成的
我们如何在削减预算的同时保证服务质量不变	• 在削减预算的情况下，我们能提供哪些服务 • 可以降低哪些服务的价格 • 客户需要的是哪些服务 • 还有哪些服务商提供相同的服务 • 哪些客户需要我们现在的服务

对于这些用换框思维重新表述的问题，组织者可以使用其他工具，取其精华，对其进行更加详细的探究。

注意要点

这种方法最大的敌人就是冷嘲热讽和过度怀疑。部分参与者会认为这种方法不切实际——试图在没有任何积极因素的事物中创造积极因素。在活动伊始，组织者要承认他们的担忧，然后进行积极、正向的引导，打好预防针，让他们在活动中摆脱这种思维。

工具 39　　连锁反应（系统思维）

这是一个什么样的工具

设计精良的组织就像一台机器，每个部件都有属于自己的重要角色。改变机器中一个微小的部件，可能会对其他部件产生严重或复杂的影响，而且产生的后果无论在时间还是空间上与改变发生的时间和空间相距甚远。

在组织的某个部分解决问题，可能会对组织的其他部分产生连锁反应。与机器类似，这些连锁反应有时会在解决方案实施一段时间后才会浮出水面。"连锁反应"旨在梳理出组织某个部分或领域做出的变革对组织其他领域产生的影响。

何时使用

- 你计划在业务领域进行重大变革，并且需要了解这项变革是否会影响其他领域或影响力度的大小，以及目前的计划是否可行。
- 你想要使用解决方案影响分析（请参阅工具43），保证在思考解决方案对整个组织的影响之前，你已经考虑到了自己可以预测的所有副作用。

需要什么

- 纸和笔。
- 活动挂图和记号笔。

如何使用

你需要组织一个团队，成员来自组织的各个领域，尽可能穷尽组织的所有领域。

1. 陈述问题，你对这个问题已经有了自己的解决方案。

2. 确保所有的参与者理解问题的本质，尽可能真实地陈述问题，避免涉及任何情感因素，切记参与者可能并不理解你在自己业务领域内使用的术语、行话。

3. 陈述你提出的解决方案，同样需要保证所有人理解方案内容。

4. 要求参与者默默思考 5 分钟，考虑这个解决方案会对自己工作领域产生的影响，并且记下自己的疑问和担忧。

5. 5 分钟后，邀请参与者提出自己的疑问，表达自己的担忧。

6. 即便你不能立即回答每个问题，也不必担心，对提问者表示感谢，记下问题。

7. 为了减少或消除你的解决方案对其他业务领域的影响，又不至于让解决方案无法实施，邀请参与者提出修改建议。

8. 讨论完所有的建议之后，感谢参与者，并且商定时间，给予他们反馈，汇报情况。

9. 会议结束之后，择优采纳他们的想法，修改解决方案。

10. 把修改后的解决方案分发给会议参与者，邀请他们在指定日期之前给出最终意见。

注意要点

本方法所依赖的恰恰是组织内其他人员的善意，你的解决方案可能不会给他们带来丝毫利益。事实上，解决方案还可能会给他们中的一些人带来额外的工作。注意邀请的人员要尽量具有代表性，有些人如果得不到邀请，会感到气愤，你要特别留意此类人员。遗憾的是，办公室政治依旧会影响整个过程。

对于相对较小的变革，不要使用这种方法，本方法仅适用于影响范围可能会超出个人工作范围的变革。

工具 40　　需求分析法

这是一个什么样的工具

我们很少能单枪匹马地解决工作中的所有问题，而且也鲜有问题只会影响组织中的一个人或一个领域。

本方法旨在梳理出问题涉及的利益相关者需要其他各方做些什么，以此确保问题的解决方案能够让涉及的各方都感到满意。

何时使用

● 你已经有了问题的解决方案，想要确保利益相关者知道，在解决方案实施之后，他们收获的结果。在理想状况下，这种方法被用在跨部门、跨职能协作解决问题之后。

需要什么

● 活动挂图和记号笔。

- 可重复使用的黏合剂或胶带。

- 便利贴。

- 笔。

- 相机或带有照相功能的手机。

如何使用

1. 如果你实施现在的解决方案，会影响组织的哪些部门？邀请来自这些部门的代表参与会议。

2. 把这些部门的名字分别写在活动挂图上，一张活动挂图上只写一个部门的名字，然后把活动挂图贴在墙上。

3. 陈述需要解决的问题以及你提出的解决方案。为了确保参与者充分理解问题和解决方案，可以邀请他们就相关内容提问。

4. 请参与者在脑海中思考一下如果实施这个解决方案，他们对你的部门 / 业务领域和其他部门 / 业务领域有何种需求？参会者把自己提出的需求记录在便利贴上，一张便利贴上写一项需求，并且签上自己的名字，然后根据需求涉及的部门或业务领域，把便利贴贴在对应的活动挂图上。例如，人事部门的代表对信息技术部有所需求，他们把需求写出来，贴在写有信息技术部名字的活动挂图上。如果提出的需求非常迫切，那么应在便利贴上附上完成期限。如果提出的需求只能由个别员工满足，那么应在便利贴上附上他们的名字。

5. 在贴出自己的需求之后，参与者应该在房间里走动，阅读每个活动挂图纸上的内容，广泛了解其他参与者的想法。

6. 参与者应该停留在他们自己领域对应的活动挂图前，然后在全体活动上，请提出需求的参与者进行详细的解释，确保自己充分理解了其他各方提出的需求。必要的时候，写出需求的参与者可以对便利贴上的内容进行修改。

7. 适当的时候，写出需求的参与者可以在活动挂图上添加附加的具体需求，回应全体活动上对此前需求做出的修改。

8. 给每幅活动挂图拍照，要么把表达需求的照片发送给对应的参与者，或者把需求编辑为文档，打印出来，然后发送给对应的参与者。

这种方法会产生极好的衍生效应，因为你在活动过程中让其他部门的同事参与其中，无形之间，你也能赢得他们的支持。如果在前期的解决问题过程中，你可以使用本书中的其他方法，邀请同一批同事参与，然后使用本方法，这样所有参与者就会知道他们应该做什么，那么本方法的使用效果会更好。

注意要点

参与者可能会觉得："这和我有什么关系？"他们会认为，在帮助你的同时，他们却得不到任何回报。如果参与者参与了之前制定解决方案和做出决策的过程，那么这个问题就会迎刃而解。

工具 41　　浓缩图

这是一个什么样的工具

这个工具是花费一段时间绘制图形，用可视化的手段表示存在的问题或缺陷。例如，在图形的中央，是一件产品、机器、流程、某个区域的地图、办公室或者工厂的平面设计图，图中标注指出问题发生的位置。使用这个工具，可以保证着手解决的确实是需要解决的问题，而且工作的重点在正确的领域。

何时使用

- 发现问题发生的确切位置，这样反过来也能揭示问题发生的模式。

需要什么

- 活动挂图和多支记号笔。

如何使用

1. 画出建筑、房间、地区或整个系统。

2. 确定你是否已经收集到问题发生位置的所有数据。如果答案是肯定的，进行第四步。

3. 如果没有收集到所有数据，列出需要记录的事件，以便将它们与问题发生的位置联系起来。

4. 如果记录下来的事件不止一个，用不同的符号代表每个事件。

5. 把所有的事件在图中标出。

6. 分析图中的图案或趋势。

举例如下。

我们办公室的保洁人员总是抱怨地毯上有咖啡渍，他们甚至觉得很多人洒在地上的咖啡比他们喝下去的还要多，这会让他们不堪重负，无法保持地面清洁。我们想知道什么位置的咖啡渍最多，我们能否找到一种图案，去解释事情发生的缘由。

首先，根据保洁人员所述，我们画出情况最糟糕区域的平面图。这些区域包括接待处周围、客户休息区、小厨房和复印室。在平面图上，我们标示出咖啡渍最多的地方（见图 3-13）。

从平面图上，接待处、小厨房和客户休息区之间似乎有一条污迹，另外一块污渍则位于复印机的一侧。我们可以猜到，接待员因为急着去欢迎突然来访的客户，他们会把咖啡从小厨房带到客户休息区，所以会在匆忙之间洒出咖啡；员工们在使用复印机的时候会把盛有咖啡的咖啡杯放在复印机的一侧。

尽管这只是小小一例，但是它说明了浓度图是如何发现规律性的图案，帮助我们发现问题的根本原因的。

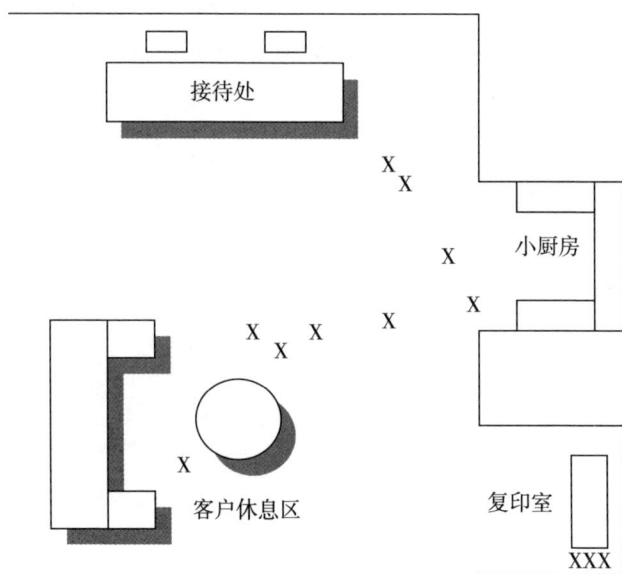

图 3-13　浓缩图示例

注意要点

乍看之下，这种方法似乎微不足道。我们当然知道问题发生的位置。然而在实际工作中，我们对一个反复出现的问题可能只是有模糊的概念，对于问题的原因往往也只是依靠猜测。利用浓缩图，我们可以按照位置来绘图，描述问题，寻找有利线索，帮助我们解决问题。例如，某个问题是否只发生在组织的某个分支机构？这个问题是否只存在于某个国家的分支机构，而其他国家的分支机构从来没有发生过？这个分支机构或这个国家与其他分支机构或国家相比有何不同？在找到描绘问题发生情况的规律性图案之后，你可以选择使用其他工具，比如"5个为什么"（参阅工具33）或者"'如何'递进法"（参阅工具32），进一步探究问题发生的根本原因。

工具 42　　帕累托分析法（简化版）

这是一个什么样的工具

如果我们需要解决大量的问题或者消除导致问题的诸多原因，那么可以使用帕累托分析法，以此确保迈出正确的第一步。

意大利经济学家维弗雷多·帕累托（Vilfredo Pareto）发现，意大利80%的财富集中在20%的人手中，也就是说，剩下80%的人只拥有总财富的20%。20世纪40年代，管理专家约瑟夫·朱兰（Joseph Juran）开始将这个比值应用于其他商业领域。

商界用帕累托法则（又称"80/20定律"或"八二定律"）来描述相互矛盾的比率。例如，项目中80%的收益可能来自20%的工作努力，而在某些情况下，80%的问题是20%的原因造成的。在罗马尼亚出生的美国工程师和管理顾问约瑟夫·朱兰于20世纪40年代开始在商界使用帕累托法则。帕累托法则中的表述是"关键少数和不重要多数"，朱兰称其为"关键少数和有用的多数"，目的是防止人们忽略这80%，因为从这80%中也能获得重要信息。

工作中的许多方面都可以用到这个比率，可以提出很多与业务有关的有趣问题，举例如下。

- 80% 的工作取得了 20% 的成效，而 20% 的工作收获了 80% 的成效。这表明想要达到完美，必须付出巨大的代价。开发一项服务或产品，让它达到 80% 的完美，只需要 20% 的努力；而如果想要达到 100% 的完美，就需要再付出 80% 的努力。有人认为，前者可能是更好的选择。

- 总收入中的 80% 来自 20% 的客户，即 80% 的客户贡献了 20% 的总收入。你是否把过多的时间花费在并不会带来更多收益的顾客身上？

- 在销售团队中，20% 的人员创造了 80% 的效益。他们得到的回报是否公平？

- 20% 的产品和服务创造了 80% 的利润。是不是应该缩小产品和服务的范围，并且扩大高利润产品和服务的市场？

虽然 80/20 比率可能并不是严谨科学测试的结果，但是它作为拇指规则（rule of thumb）非常有效，可以让我们判断应该投入多少精力去完成一项复杂的任务。

何时使用

- 在解决问题的过程中，确定应该重点管理的方面。

需要什么

- 活动挂图和记号笔。

- 纸和笔。

如何使用

帕累托图表有很多变化，有些需要详细的统计分析。下面是简化版本的例子，这种方法适用范围很广，可以发现主要问题的根本原因，从而让你发现应该把管理工作集中在哪些方面。

1. 确定并列出你的问题。

2. 找到每个问题的根本原因。

3. 给所有问题评分。

4. 按照问题的根本原因对问题分类。

5. 把每类问题的得分相加。

6. 采取行动，解决问题。

举例如下。

我领导一支负责生产零件的团队。客户投诉以及随之而来的退货事件正在急剧增多。我需要知道我的管理工作应该集中在哪些方面，才能产生最佳效果。

通过观察团队工作，我发现了一些问题并将它们列出，同时列出的还有可能的原因和对应的投诉数量。我已经按照根本原因对问题进行了分类，如表 3-11 所示。

表 3-11　帕累托分析法应用举例

问题编号	问题	原因（由步骤 2 得出）	评分（由步骤 3 得出）
1	配送地址错误	配送部门犯错	2
2	配送不及时	配送部门犯错	4
3	规格为 50 个的包装里只有 40 个零件	机器错误	9
4	包装封装存在问题	机器错误	5
5	零件大小不一	操作员犯错（培训不足）	29
6	零件着色错误	操作员犯错（培训不足）	19

然后，按照投诉的数量，从多到少，进行排列。

操作员犯错：48

机器错误：14

配送部门犯错：6

显而易见，从数量上来说，问题的根源是操作员的错误。在某些更为复杂的情况下，你可以绘制问题原因和评分的图表，直观地看到图形分布（见图 3-14）。

从各个犯错情况的分布来看，我明白我应该把工作的重点放在培训员工上。另外，我也想和维修部与配送部的同事们私下谈谈。

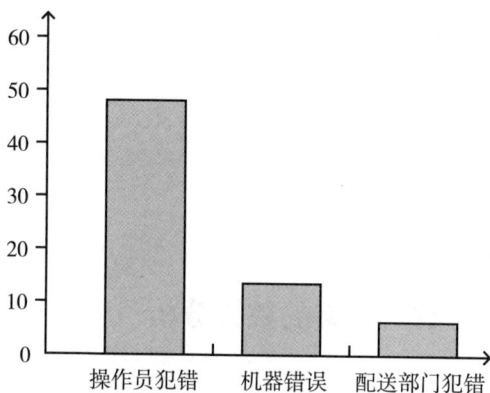

图 3-14　问题原因及评分分析

注意要点

本方法可以确定问题最重要的根本原因，效果较好，但是本方法并不会考虑解决方案的成本。了解了问题的根本原因之后，你可能需要进行成本 – 效益分析。

工具 43　　解决方案的效果分析

这是一个什么样的工具

与鱼骨图或因果图不同，本方法的目的是：检查解决方案是否切实地解决了问题；比较不同解决方案的效果；确保所选解决方案不会导致更大的问题；确定为了保证解决方案符合要求，是否需要采取其他行动。

何时使用

- 考虑将本方法与连锁反应（请参阅工具 39）配合使用。本方法可以帮助你确定你的解决方案在你自己所处的领域中可能产生的后果。连锁反应将帮助你确定你的解决方案在更广泛的组织范围中可能产生的影响。

需要什么

- 活动挂图、纸和记号笔。

如何使用

1. 使用本书中的其他方法制定问题的解决方案。

2. 使用鱼骨图（见图 3-15）确定解决方案产生的主要影响。

3. 展开头脑风暴，考虑解决方案产生的主要影响可能产生的进一步影响。

4. 分析这些影响，寻求对应的解决方案。

5. 修改初版解决方案或者重新评估制定新的、更加有效的解决方案。

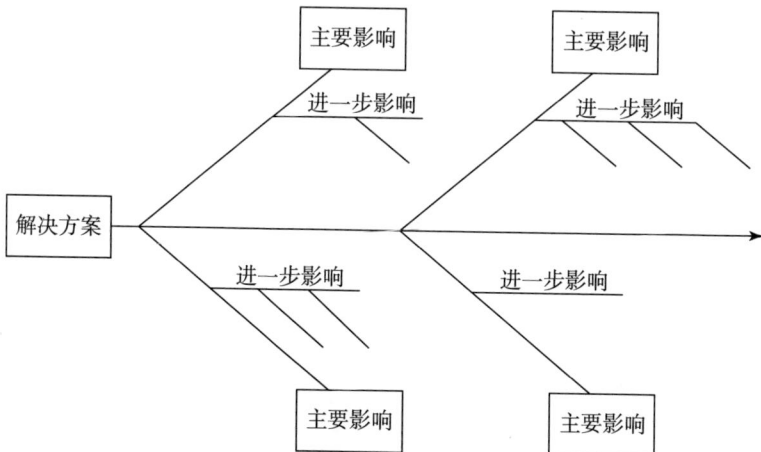

图 3-15　鱼骨图示例

注意要点

你需要对组织的细节了如指掌，或者需要来自组织内各个部门的参与者帮助你使用本方法。

工具44　　工作地图

这是一个什么样的工具

　　工作地图可以个人单独使用，也可以团队一同使用，节省时间——时间无疑是工作中最重要的因素。这种方法可以以图形的方式描述个人或团队工作的简况，促使我们提出一系列问题，思考我们在工作中是如何分配时间的，在哪些不值得投入时间的方面投入了大量的时间；我们想从别人那里得到什么，他们想从我们这里得到什么；我们如何能够让工作更加合理，从而更加有效地使用时间。

何时使用

- 工作地图可以帮助我们有效地分析我们把时间花在了哪里，找到节约时间的方法。
- 小型团队在开展协同工作时，工作地图也是一个强大的工具。

需要什么

- 纸和笔。

如何使用

1. 找一张纸，至少是 A4 大小，横向放置，在纸张中央画一个小圈，在圈中写上你的名字（此步骤图略）。

2. 考虑参与和没有参与工作中的个人或群体，他们对你有何要求，或者他们对工作有何期望，你可能需要向他们提供商品、服务、报告、信息。只要他们对你有所期待，你能提供什么并不重要，重要的是达到他们的期待。涉及的团体和个人可能包括你的老板、你的直接下属、主要顾客或客户以及其他人。在中心圆圈周围再画出圆圈，对于对你有所要求的个人或集体，把他们的名字写入中心圆圈周围的圆圈中，一个圆圈写一个名字。注意，如果数个个人或团队对你的要求完全相同，可以将他们的名字写在同一个圆圈中。如果他们对你的期望有所差异，即便差异细微，也要分开写在不同的圆圈内（见图 3-16）。

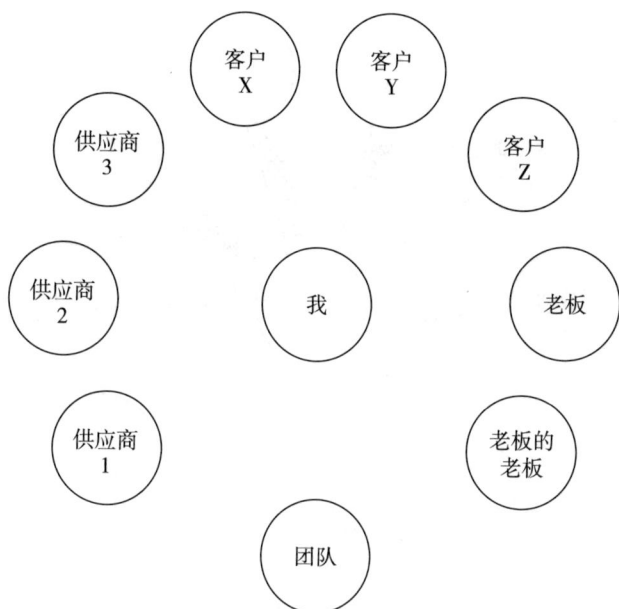

图 3-16 绘制工作地图步骤一

3. 把中心圆圈周围的每个圆圈与中心圆圈连接，最后形成自行车轮辐一样的图形。在连接中心圆圈与周边圆圈的线条上，简单说明你认为这些"利益相关者"对你有何要求（见图 3-17）。

4. 考虑每个利益相关者如何评价你提供的内容。他们是从哪些方面进行衡量的，是从数量、质量、成本、时间方面，还是从几个方面综合考虑的？

　　在每个圆圈旁边，用 Qn（数量）、Ql（质量）、C（成本）、T（时间）标注评价标准。

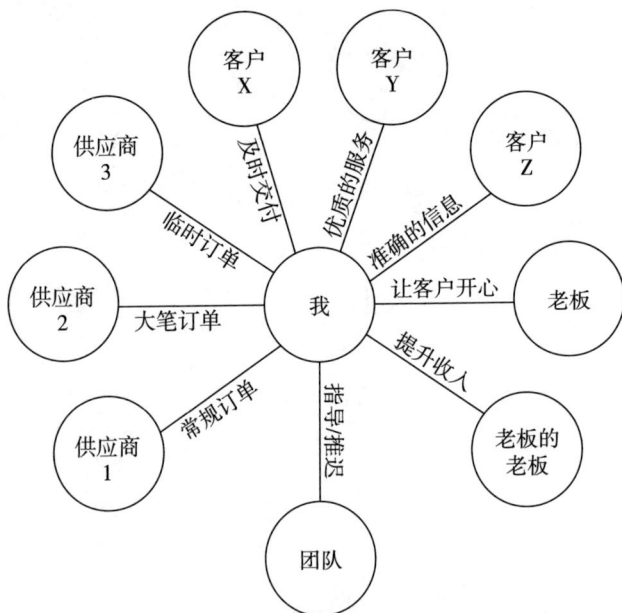

图 3-17　绘制工作地图步骤二

5. 从每个利益相关者的圆圈上再引出一条线，并在这条线上写下每个利益相关者会如何对待你提供的内容（见图 3-18）。例如，如果你为利益相关者 X 提供的是阅读报告，他们会如何利用报告中的信息？（请参阅下一页中完整的工作地图）

6. 关注连接利益相关者圆圈与中心圆圈的线段。如果你觉得你在线段上书写的内容代表了利益相关者对你的期望，现在在线段的下方写出为了满足他们的期望，你需要或者期望对方提供什么。（请参阅下一页中完整的工作地图）

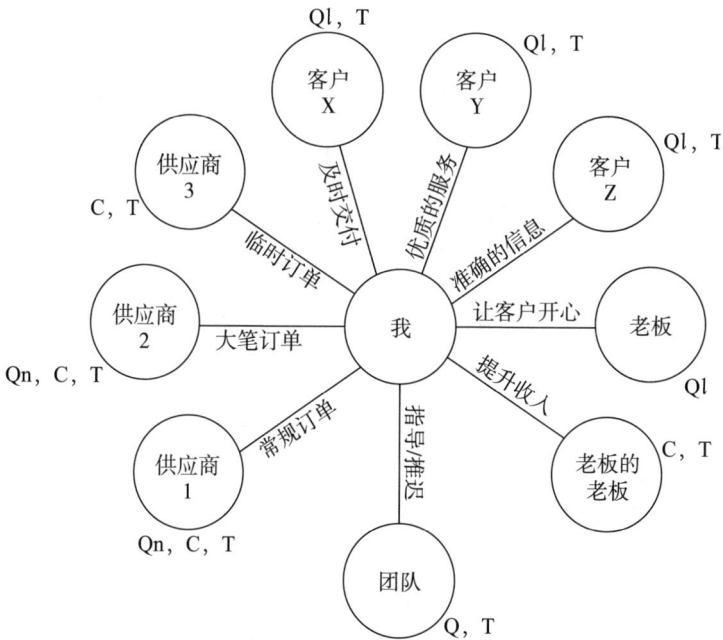

图 3-18 绘制工作地图步骤三和步骤四

7. 考虑你把大部分工作时间花在了哪些地方。对于占用了你大部分工作时间的利益相关者圆圈，无论这种情况是对是错，给圆圈涂上阴影（见图 3-19）。

这幅图除了勾勒出了你工作、生活的全貌，还能促使你思考以下几个问题：

1. 你是如何知道每个利益相关者对你的需求的？你上一次与他们讨论这个话题是在什么时候？

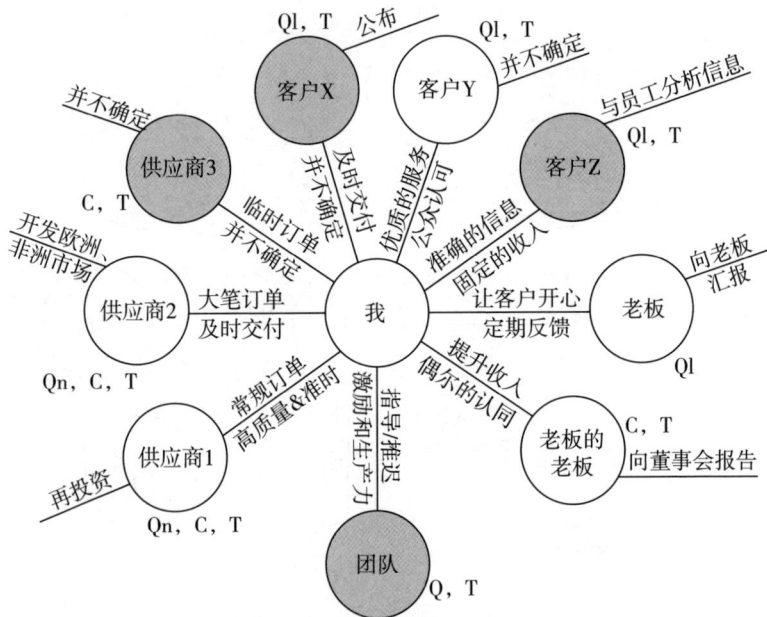

图 3-19　完整的工作地图

2. 你是如何知道每个利益相关者怎样评估你为他们提供的内容的？你上一次与他们讨论这个话题是在什么时候？

3. 每个利益相关者是否确切地知道，为了满足他们的期望，你对他们有何期望／需要？你上一次与他们讨论这个话题是在什么时候？

4. 你是如何知道他们怎样使用你交付的内容的？你上一次与他们讨论这个话题是在什么时候？

5. 如果你在某些利益相关者身上花费了过多的工作时间，你是否忽略了其他人，他们重视你的工作，希望你能在他们身上投入更多的时间。

请注意，我们在图 3-19 中对于部分利益相关者的期望标记为
"并不确定"，以此作为我们向利益相关者提供内容的结果。如果我
们并不确定利益相关者会如何处理我们提供的内容，那么我们必须
和这些利益相关者进行讨论，重新确定彼此需要的内容，以及我们
进行现在的工作的原因。

我们需要质疑所有内容。例如，你可能会发现，你向某个利益
相关者提供的是一份细节丰富的报告，然而对方需要的只是一份高度
概括的要点总结。你可能会发现，你花费了大量的时间提供高质量的
产品，然而对方需要的仅仅是满足基本需求的产品，甚至根本不需要
此类产品，只不过是没有告知你罢了（因为你此前并没有询问）。

对于工作地图中涉及的人员，你需要与他们沟通交流，讨论彼
此的期望。你可以减少投入在个别利益相关者身上的工作量，在某
些情况下，甚至可以完全归零，因此你可以获得大量的额外时间，
节省出来的时间会令你惊讶不已。

注意要点

有些工作方式你已经习以为常，切记不要固执己见，不要仅仅
因为你一直以这种方式开展工作就一再坚持，为之辩驳。使用这种
方法，最重要的是面对现实，愿意放弃那些效果不佳的工作方式和
方法。另外，你还需要鼓起勇气，与利益相关者展开必要的对话，
探讨对彼此的期望。尽管你需要克服一些困难，但是这种方法带来
的回报远远超出你所感到的不适。

工具 45　　竞值架构

这是一个什么样的工具

金·卡梅隆（Kim Cameron）和罗伯特·奎因（Robert Quinn）是企业文化领域的世界知名专家。他们开展了广泛的研究，开发出了一种诊断工具，帮助企业分析并且最终改变自身的企业文化。他们在其经典著作中其实没有提到他们的研究成果还有一个附带效果，即他们的模型可以作为职业生涯决策的理想工具。正是考虑到它的这一用途，我才将它纳入本书。如果你正在讨论是否要申请某个组织内的工作岗位，那么这个工具可以帮助你架构自己的发现，这样就能测试这个组织是否适合你。

何时使用

- 你在寻找新的工作，想要选择那些让你轻松工作或者（如果你在寻求挑战）做出改变的组织。

需要什么

- 纸和笔。

如何使用

卡梅隆和奎因对组织文化有着广泛的研究，他们认为无论公立、私营还是第三部门（志愿者组织、社会企业和慈善机构），每个组织都会在4个文化领域显示出自己的特点，具体如图3-20所示。

部落型文化	灵活型文化
等级型文化	市场型文化

图 3-20　每个组织的文化领域

他们还为每个文化领域添加了第二个描述词（见图3-21）。

部落型文化（合作）	灵活型文化（创造）
等级型文化（控制）	市场型文化（竞争）

图 3-21　每个组织的文化领域补充描述

大家普遍认为，处于对角线位置的两个方框，其中的文化风格是截然相反的。例如，某个组织表现出的部落型文化特征越多，它所展现出的市场型文化特征就越少，反之亦然。

卡梅隆和奎因描述了每个方面典型的组织文化特征。理解了这些文化特征，你就可以开始选择你能够舒服工作的组织类型。从广义上讲，组织的各种文化特点如图 3-22 所示。

部落型文化 （合作）	灵活型文化 （创造）
关系友好、乐于分享的家庭	活跃而富有创业精神的
领导是"家长"或导师	领导者具备创新精神，能够承担风险
忠诚和传统	敢于实验和发明
高度投入	居于领先地位
强调个人发展	看重增长和新的资源
对内部和外部客户	看重新的服务或产品
参与和协商一致	个人积极主动和自由
等级型文化 （控制）	市场型文化 （竞争）
正规且结构和程序严谨	以成果为导向，完成工作
领导者是高效的组织者	鼓励竞争，目标驱动
平稳运行必不可少	领导者态度强硬，要求严苛
规范的规则和政策	强调争胜
稳定可靠的服务	实现可衡量的目标
稳定的就业	成功的定义是更高的市场占有率和渗透率

图 3-22　组织的各种文化特点（广义的）

纯粹从个人角度出发，对于某个象限内组织文化特点的好恶，可能会有如下表现，具体如表 3-12 所示。

表 3-12　组织文化特点的好恶（个人的）

象限	• 喜欢/希望加入这样的组织，是因为……	• 厌恶/不希望加入这样的组织，是因为……
部落型	• 你喜欢感到受人重视 • 你喜欢在工作中开展合作	• 你会感到窒息 • 你并不总是希望与他人密切合作或成为团队成员

（续）

等级型	• 你喜欢严谨的规章制度和工作流程带来的安全感	• 你会感到受到规章制度和工作流程的束缚
市场型	• 你喜欢承担工作压力 • 你喜欢达成目标	• 你会感到压力过大 • 你会感到组织过度强调目标的实现
灵活型	• 你喜欢自由的感觉 • 你喜欢自己独立工作	• 你会觉得工作难以控制 • 你会想念在团队中工作的感觉

现在，让我们假设每个象限的刻度间隔是10，坐标轴的中心位置为起始点0，向外围辐射。根据每个象限文化类型对你的吸引力，给每个象限打分，然后在评分处标出圆点（见图3-23）。

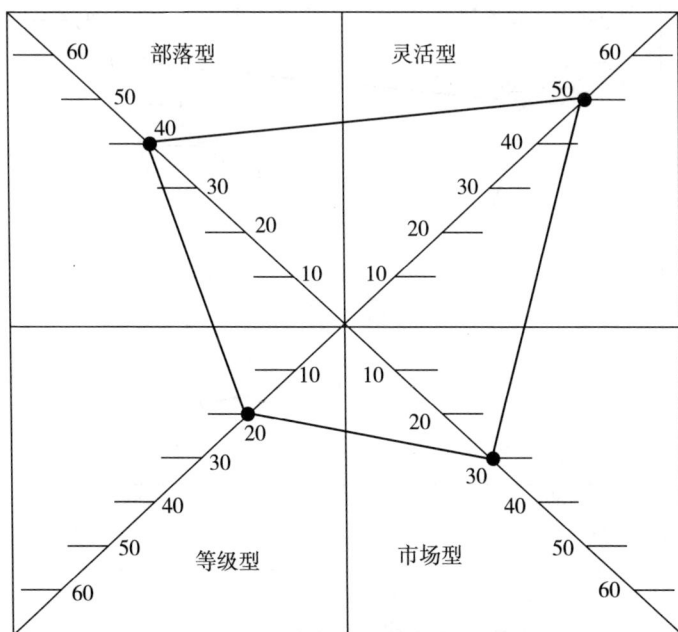

图3-23　个人对文化类型的偏好分析

在这个假设的例子里中，我希望组织的部落型文化得分中等偏高，灵活型文化得分较高，等级型文化得分较低，市场型文化得分中等。这表明，就个人来讲，我不太喜欢被规则束缚，享受自己独立思考和行动的自由；我可以在团队中工作，但是并不热衷于此；我接受适当的目标驱动，但是不喜欢承受太大的压力。

你需要尽可能地了解你考虑入职的公司，然后在图 3-23 中用不同颜色的笔或不同的点线标识出你对该公司的看法。你可能需要补充图例，说明哪个是你期望公司得到的分数，哪个是公司根据实际情况应得的分数（见图 3-24）。对于每种文化类型，你会给公司打

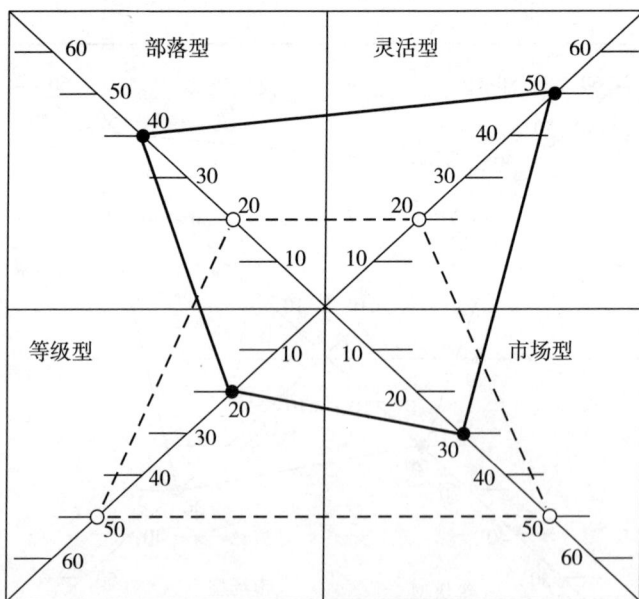

图 3-24　个人喜好与入职公司文化类型分析

多少分？你理想中的公司与你想要入职的公司是否接近？差距在哪里？你是否能够忍受公司在文化方面的实际情况？如果你能申请较高的职位，能否改变这种情况？

如果两者评分比较接近，那么对于你来说，这家公司看起来是个不错的选择。如果存在差距，那么你需要仔细考量这家公司是否适合你。你可以参照下面几点指导意见。

注意要点

也许使用本方法最大的困难在于了解组织文化的真实情况。毕竟，同一个领域的 6 个组织在自己的网站上都会宣称它们的企业文化是业内最佳的，当然，这也就意味着其中有 5 个组织没有认清现实情况或者是在撒谎！你可以通过新闻报道了解情况，或者与已经在组织内工作的人员交流，尽可能地进行全面的研究，了解在组织内工作的真实情况，然后做出选择。

- 如果组织文化与你的需求不符，你是否准备容忍这种情况，默默忍受，并且承受随之而来的挫折？

- 如果组织文化与你的需求不符，那么你是否可以申请较高的职位，从而改变组织文化的某些方面，使得组织文化更易被人接受？

- 如果组织必须具备某种文化，以此支持自己的工作，而且你对这种文化感到不满，那么你是否确定目前的工作领域真的适合你？

- 诸如监管或合规要求这样的外部力量，能够在何种程度上塑造组织文化？例如，制药企业受到利润驱动，而且监管严格。虽然制药企业的研发部门可能会维持一种灵活型的子文化，但是制药企业最大的两个文化特点依旧是等级型和市场型，这是难以避免的。英国军队的组织文化是一个非常有趣的混合体，在团级单位，部队表现出强烈的部落型文化；在指挥总部一级，属于等级型；在实际战斗中，属于灵活型；另外，在招募新兵时，属于市场型。

工具 46　　时间坐标法

这是一个什么样的工具

这个工具在团队中使用效果极佳。本方法大部分时间都在沉默中进行，可以用来确定团队的工作重点、团队可以实现的目标及期限，以及团队成员对工作的投入程度。

何时使用

- 针对具体行动，团队需要拟订计划并且分出主次。

需要什么

- 活动挂图和记号笔。
- 便利贴。
- 一个较大的房间，有足够空间供参与者来回走动。

如何使用

第一轮　主要成就

1. 在房间的四面墙上贴上活动挂图，在每张图上都写上日期，第一张写上 6 个月后的日期，第二张写上一年后的日期，第三张写上 18 个月后的日期，第四张写上两年后的日期。对于未来，只要你认为可以预想到或者需要进行计划，日期可以尽量写得遥远一些。

2. 请参与者在室内走动，来到每幅挂图前，看着挂图上的日期，想象他们在该日期可以实现、必须实现或者（视事而定）想要实现的目标，然后按照顺序，走到下一幅挂图前，重复前述过程。按照这种方法对每幅挂图的日期进行想象，直到穷尽所有对未来的想法。

3. 每个参与者都有自己可以预期到的最遥远的日期，当他们走到写有这个日期的挂图前时，他们应该简要描述打算在这个阶段完成的里程碑事件，然后写在这幅活动挂图上。

4. 参与者按照与刚才相反的方向往回走，依次在每幅活动挂图上写下他们期望在截至每个日期时取得的主要成就。记住，在整个过程中，参与者需要保持沉默。

第二轮　里程碑事件

1. 参与者走到他们写出自己里程碑事件的挂图前，这幅图上的日期也是他们能够预期到的最遥远的未来。

2. 他们需要考虑在这个日期之前，应该做好哪些工作，才能完成里程碑事件。

3. 让参与者往回走，在这个过程中，在每幅活动挂图上依次写下为了实现最终目标，在每个截止日期前必须完成的主要工作阶段。再次重申，在这个过程中，参与者需要保持沉默。

第三轮　行动

1. 给参与者发放便利贴。

2. 让参与者绕着所有活动挂图走一圈，在每张便利贴上注明为了完成里程碑事件必须采取的具体行动。每张便利贴上写出一个具体行动，然后把便利贴贴在写有对应日期的活动挂图上。

第四轮　人

1. 参与者终于有机会发言了！参与者应该考虑由谁来承担第三轮中的每一项行动。

2. 他们需要找到应该承担工作的人员（如果他们也在房间中，也在参与活动），把他们带到对应的活动挂图前，询问他们是否可以承担相关工作，征得同意之后，在写有该项行动的便利贴上写上他们的名字或者缩写，并给其分配具体的行动工作。

第五轮　吸收

1. 所有活动参与者按照从早到晚的时间顺序，浏览活动挂图，阅读上面写出的里程碑事件、行动、承担任务人员的名字、最终成就，反复核查工作是否可行，需要依赖哪些人员，在适当的时候，在征得允许的前提下，对方案做出修改。

2. 依次给每张活动挂图拍照，洗出照片，整理为高级行动计划，如有必要，可以在随后的团队会议上进一步就细节进行讨论。

注意要点

有些参与者觉得保持沉默非常困难，然而正是保持沉默赋予了这种方法强大的力量。在活动开始前，组织者要解释使用这种方法早期参与者保持沉默的必要性，并且向他们保证随后会有机会进行对话！

有些参与者可能野心太大，在有限的时间里设定的目标不切实际，难以实现。确保在第四轮，参与者仔细检查在指定的日期前，完成行动、里程碑事件和最终目标的可能性。请他们极其认真地检查需要依靠哪些人员，思考开始实现目标之前需要完成哪些工作，可以自问自答，也可以互相提问。实际上，参与者以这样一种松散的方式实现了关键路径分析。

工具 47   **唯一问题法**

这是一个什么样的工具

本方法简单有效，可以帮助团队提出正确的核心问题，从而解决需要解决的问题，并且探索子问题。

何时使用

- 当我们试图解决问题，但是最终以失败告终，或者根本拿不出问题的解决方案时，通常情况下，这是因为我们提出了错误的问题或者我们表述问题的方式糟糕至极。唯一问题法可以帮助参与者重新表述问题，这样可以更容易地找到可行的解决方案。

需要什么

- 活动挂图和记号笔。

- 圆形彩色便利贴。

- 普通便利贴。

如何使用

1. 用所有人都能理解的术语简述问题，回答参与者的问题，确保每个人都能完全理解问题。

2. 每位参与者思考为了得到解决方案，首先需要回答哪个问题，一定是唯一的问题，然后把问题表述出来。参与者把自己的问题写在便利贴上，然后贴在墙上或者活动挂图上。

3. 依次读出每个问题，请参与者投票，选出最能概括有待解决问题的提问。你可以选择让大家举手表决，也可以选择让大家在问题上贴上圆形彩色便利贴来表决。除了自己表述的问题，参与者可以投票支持任何问题。

4. 每位参与者投票之后，读出获得票数最多的问题。

5. 询问参与者得票最高的问题是否需要根据其他问题进行改进——得票最高的问题是否缺少某些内容，补充之后，可以让寻找解决方案变得更容易？

6. 现在，你已经有了需要回答的核心问题，使用本书中的其他方法来解决这个问题。

7. 读出所有的问题可能意味着会产生一些子问题或子话题，需要团队进行探索。与团队成员探讨有哪些问题值得探索。例如，使用投票的方法选出受关注度排在第二、第三的问题，然后探索这些问题。

注意要点

有时，在第七步，根据问题的得票数选出子问题比通过小组讨论选出子问题更加有效。通常情况下，位高权重者可能会对团体施加影响，让团队其他成员选择他所提出的问题，而通过投票的方式消除了这种可能性。

工具 48　　同事协助法

这是一个什么样的工具

同事协助法是行动学习法（请参阅工具 49）的一种变体。同事协助法将同事们聚集在一起，针对特定的主题、问题、想法、项目等提出反馈意见。这种方法背后的原则是无论你即将面对怎样的工作，可能已经有人做过，你可以从他们的经验中受益。本方法适用于 6 ~ 8 人的团队，效果最佳。

何时使用

- 你准备开始新项目，更有经验的同事给你提出建议，可以令你受益。

- 你面对的问题是他人此前遇到过的问题。

- 对于你正在计划的项目，另外一个团队曾经参与甚至完成过类似的项目。

需要什么

- 工作需要的空间和时间。

如何使用

在同事协助法会议开始之前：

1. 确定哪些人对于需要讨论的话题具有相关经验。

2. 向他们发送电子邮件，说明你的目的和会议计划。

3. 确定会议日期。

在会议期间：

1. 引导师介绍会议内容、参会人员和大家需要扮演的角色。

2. 需要帮助的一方发言，陈述情况。在这个阶段，提出建议的参与者发言只是为了明确他们理解了问题。

3. 在引导师的组织下开展讨论。

4. 需要采取的行动或达成的共识，都要与建议提出人和问题陈述人核对。

5. 结束。

变化

如果参与新项目并且需要帮助的人员人数较多，你可以选择把大型团队分为规模较小、更易管理的小组，平行展开讨论，每组由一名成员陈述问题，并且需要一名引导师。根据上述形式开展会议，但是在步骤 4 和步骤 5 之间需要加上全体活动这个环节，在这个环节中，团队的所有成员召开全体活动，分享信息和观点。

注意要点

同事协助法会议需要提前计划。如果准备过于仓促，你几乎没有时间去实施会议中得到的建议。

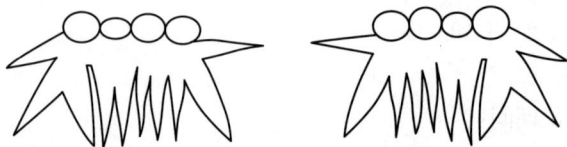

工具 49　　行动学习法

这是一个什么样的工具

行动学习法的创始人是雷格·瑞文斯（Reg Revans）教授，是英国国家煤炭委员会（The British National Coal Board）教育培训主任。瑞文斯认为，同事小组或团队成员是最好的教练，是解决问题最好的催化师（引导师）。在行动学习法的术语里，团队（team）被称为学习团队（set）。瑞文斯也承认，如果团队缺乏对于行动学习法至关重要的反思能力、成员很难相处，或者在活动流程、方向上需要帮助，一个来自团队之外的催化师（facilitator）可以在过程中提供帮助。行动学习法的学习团队会为解决问题提供帮助，而不是推荐采取哪些行动。

何时使用

● 要想取得最佳效果，需要进行正规的培训，把同事小组固定下来，方便成员在解决问题、做出决策和学习的过程中继续互相学习和帮助。

需要什么

● 工作所需的空间和时间。

如何使用

1. 建立一个人数相对较少、成员彼此支持的小组,人数为 4～8 人,最好是来自多个部门、职位相当的同事。

2. 清晰陈述组织的问题(或者需要抓住的机会),即最终问题。

3. 小组成员进行提问,帮助自己清晰地理解问题。

4. 小组成员专注于提出正确的问题,这不是为了帮助最终问题的陈述者寻找解决方案,而是为了帮助他进行学习,探索目前已知和未知的情况,通过提问的方式,摆脱过去广为接受的思维定式,放下"这就是我们的惯常做法"这种想法。最佳的方式是一次提出一个好的开放式问题,而不是不断地提出此类问题。

5. 鼓励小组成员提出具有挑战性的问题,帮助陈述者从其他角度看待最终需要解决的问题。与此同时,小组成员也要保持对陈述者的支持并且关注陈述人的感受。小组成员绝对不能给出自己的解决方案,也不能纯粹出于自身目的进行提问。比较好的问题举例如下。

- "你是否可以详述一下？"

- "你的意思是不是……？"

- "那之后会怎么样？"

- "你是否考虑过探索 X？"

　　在讨论接近尾声的时候：

- "我们有没有尚未谈及的内容？"

- "还有没有你想进一步探讨的方面？"

6. 请所有成员反思提出的问题。

7. 在提问和反思过程之后，小组会找到需要采取的行动。

注意要点

　　催化师必须确保：

- 永远不要让问题的陈述人感到自己成了大家攻击的对象。

- 依次进行发言，不要同时发言。

- 问题的陈述人需要有时间思考和回答问题。

- 小组成员不是给出建议，而是进行提问。

- 小组成员不能控制讨论的方向。

工具 50　　故事圈

这是一个什么样的工具

　　对于团队使用的许多思考方法，在使用过程中，参与者会表达自己的看法、判断和主观立场。这些方法一方面汲取了参与者的经验，另一方面又不一定需要参与者直接分享切身经验。故事圈利用参与者的亲身故事，让枯燥的想法生动起来。

何时使用

- 你刚刚涉足某个领域，集合了一群已经在该领域有所建树的人员，希望从他们身上汲取经验。

- 在实施想法之前测试其可行性。

- 更好地理解如何在工作中实施某项变革。

需要什么

- 一位或一组陈述人需要对某方面的业内知识进行学习。
- 小组（最多 8 人）需要对领域内的实际经验进行讨论，并且成员具有慷慨无私的精神，乐于帮助经验较少的其他人。

如何使用

1. 陈述人提出他面对的某个想法、挑战或主题，需要寻求其他人的帮助。

2. 针对需要讨论的领域，引导师提出一些开放式的问题，旨在引导参与者分享自己的经验，同时需要给予参与者足够的时间，让他们讲述自己的故事，描述他们当时是如何处理陈述人所面对的问题的。

3. 陈述人也可以询问参与者，让他们进一步讲述和发掘自己的故事。

注意要点

在实施故事圈时，需要有力的引导，以保证参与者仅仅是讲述自己的故事，而不是把自己的经历作为最佳实践方案加以推广。通常，糟糕的经历在说明需要注意的要点和危险区域方面更加有效。

组织者应确保会议不被某个参与者主导，成为他展示自己比其他参与者经验更加丰富的平台。这种方法之所以行之有效，是因为它能够让大家了解来自各方的各种经验。

工具 51　　泳道图

这是一个什么样的工具

吉尔里·拉姆勒（Geary Rummler）和艾伦·布拉奇（Alan Brache）发明了泳道图，又称拉姆勒－布拉奇图（Rummler-Brache Diagrams）。该图被用来说明各个团队、部门和流程之间的关系，从而确定业务流程的效率。之所以将其命名为泳道图，是因为图中水平线看起来像是游泳池中的泳道标志线。有时，人们也称这个图为跨职能流程图。

何时使用

- 如果某个业务流程涉及不同职能领域的多名参与者，那么可以使用本方法评估其效率。

需要什么

- 纸和笔。

如何使用

1. 选择需要分析的业务流程。

2. 陈述你需要改进的具体流程。

3. 针对你正在分析的业务流程，找出流程中的每位参与者。

4. 在图的左边一栏，列出每位参与者。每位参与者都对应一条水平横排（泳道）。

5. 按照流程每一步的执行人绘制泳道图。

6. 分析图表，评估流程的哪些部分可以进行改进。例如：

   - 流程中是否有缺失的环节？

   - 流程中是否存在重复的环节？

   - 流程中哪些环节没有增加价值？

以下是仓库业务流程的一部分（见图3-25）。

在我们举出的例子中，大家可以看到，拣货员、包装工和司机都参与了装车，这减少了仓库中进行拣货和打包的人数。司机和门店经理一起卸货，对于检查库存来说，这是双保险的做法，但是其效率却较为低下。

管理员	发单

| 拣货员 /
包装工 | 拣货 / 打包 | 装车 |

| 司机 | | 装车 | 送货到
门店 | 卸货 | | 返回商店 | 完成 |

| 门店经理 | | | | 卸货 | 检查
库存 | 是否
准确 | 给管理员
打电话 |

是 / 否

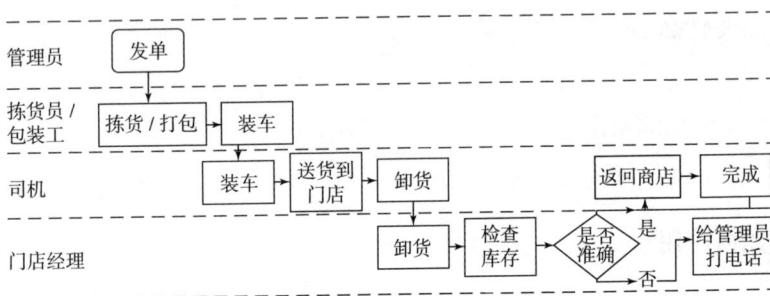

图 3-25　仓库业务流程泳道图

　　分析完这幅泳道图之后，你可以选择绘制另外一幅泳道图，表明业务流程可以或者应该怎样。例如，这意味着需要移除或添加步骤，移除或添加流程中的参与者，或者合并其中的步骤。

变化

　　你可能希望先绘出主干流程的泳道图，再针对其中一个或多个分支流程绘制更加详细的泳道图。

注意要点

　　流程中有些步骤的目的并非显而易见，切记不要遗漏它们，这些步骤之所以存在，是因为背后有充分的理由，而且必须保留。与此同时，你只需要保留那些有切实意义的步骤，不必担心移除某个步骤会伤及他人感情而选择保留它们。

工具 52　　克劳福德纸片法

这是一个什么样的工具

　　南加利福尼亚大学的 C. C. 克劳福德（C. C. Crawford）博士在 20 世纪 20 年代发明了克劳福德纸片法。这样命名似乎略显直白，但是这种方法的实质就是让参与者把自己的想法写在纸片上。

何时使用

- 需要在有限的时间内考虑数量众多的想法，而且无暇进行讨论。
- 大家对于当众直言不讳有所顾忌。

　　如果活动参与者的文化背景或者整个组织的氛围较为保守，参与者更喜欢匿名提出自己的看法。

需要什么

- 纸（或者便利贴）和笔。

如何使用

1. 把纸片或便利贴分发给每位参与者。

2. 请参与者针对活动讨论的主要话题，写出自己的看法，每张纸片或便利贴上只写一个观点。参与者无须在纸片或便利贴上署名。

3. 可以提出在活动之后总结大家的看法（鼓励所有人参与）。

4. 让参与者尽可能多地写出自己的看法，随后把所有的纸片或便利贴收集起来。

5. 活动结束后，整理参与者的观点，按照子话题或主题进行分类。

6. 完成总结之后，把总结报告用电子邮件发送给参与者，并表示感谢。

注意要点

对于那些喜欢积极讨论的参与者或者想法有限的参与者来说，本方法可能会让他们感到沮丧，因为他们需要等待其他参与者写完自己的想法，这个过程会令他们感到厌烦、无趣。

工具 53　　手推车流程

这是一个什么样的工具

　　几个小组开展头脑风暴，在给定的时间内，解决一个问题，整个过程由"记录员"引导。结束后，"记录员"再引导另外几个小组重复前面的过程。几次重复后，记录员汇总并展示各个小组的想法。

　　"charrette"来自法语，意思是"手推车"。据说在 19 世纪，巴黎美术学院（École des Beaux-Arts）建筑系的学生需要按照比例制作模型，然后会有人推着手推车来收走模型。学生们异常努力，即便是在最后一刻也不会停止工作，这样才能在手推车到来的时候准时上交作业，有人戏称他们是在手推车上作业。

何时使用

- 战略规划。
- 组织设计。
- 讨论的主题、问题、决策涉及多个部门。

需要什么

- 充裕的活动空间。

- 活动挂图和记号笔。

如何使用

1. 确定需要讨论的问题，这些问题应该是主题下的细分话题。

2. 团队分组，每组最多 7 人，另外配备 1 名记录员，他同时担任小组的引导者。

3. 给每个小组分配讨论的问题。

4. 每个小组针对自己分配得到的问题展开头脑风暴。

5. 记录员引导每个小组的讨论并且记录所有组员的想法。

6. 限定每组讨论的时间，讨论一结束，记录员就去往下一组。

7. 记录员回顾新小组的问题 / 答案。

8. 在此前想法的基础上，各个小组开始围绕一个新的想法再次开展头脑风暴法。

9. 重复第 5 ～ 8 步，直到每个小组完成所有问题的讨论。

10. 留出时间，让记录员 / 各个小组把所有的想法概括出重要主题或归纳成系列。

11. 在全体活动中，请各位记录员陈述记录的主要观点。可能需要对所有观点进行排名。

注意要点

　　包括本方法在内，适用于所有大型团队的方法获得成功的关键在于良好的规划。在活动之前，组织者需要提前规划，给所有参与者发送清晰的活动说明，让参与者了解活动的目的、时间、要求、期望和收获。

工具 54　　星耀图

这是一个什么样的工具

如同"递进问题法"（请参阅工具 2）一样，星耀图也是团队活动，它可以保证在探讨解决方案之前，能够提出所有正确的问题。通常情况下，答案看似显而易见的问题其实能激发一系列新的问题。如果星耀图实施顺利，提出问题的人会意识到在试图找到解决方案之前还有更多的工作要做，或者问题本身比他们想象的更加复杂。

何时使用

- 面对的问题非常复杂，涉及诸多子问题，在尝试寻找解决方案之前可以使用本方法。

需要什么

- 活动挂图、记号笔，或者纸和笔（取决于参与者的人数）。

如何使用

这种方法，可以个人单独自使用，但是为了增加过程的趣味性并且提升效果，也可以由小组使用。例如，由一到多个小组一同使用，每组 4 人。

1. 在纸上画一个六角星，你可以选择使用普通的办公用纸。当然，如果是在人数较多的小组实施星耀图，那么可以使用活动挂图。把六角星的 6 个顶角上写上疑问词：谁？是什么？哪里？为什么？何时？如何？具体内容如图 3-26 所示。

2. 以六角星顶角的疑问词为出发点，开展头脑风暴，尽可能多地提出与主题相关的问题。

3. 不要试图回答提出的问题。在这个阶段，只需要提出问题。

4. 写出问题，这样可以看到它们是从六角星的哪个顶角发散出来的。

图 3-26　星耀图示例

5. 如果有数个小组参加活动，请一个小组读出针对某个疑问词，自己提出的所有问题，然后请其他小组添加这个小组没有想到的问题。然后进入下一组，请他们读出针对另外一个疑问词自己提出的问题，其他团队添加这个小组没有想到的问题。针对每个疑问词，重复这个过程。

6. 活动结束之后，绘制星耀图，整理所有问题，然后把星耀图发送给参与者。

变化

● 可以从星耀图顶角各选择一个问题，以此激发新的问题；也可以使用各个顶角的所有问题，以此激发新的问题。

● 把大型团队分为多个小组。可以让每个小组探讨相同的问题、不同的问题或者相同问题的不同方面，然后在全体活动中，各组交流自己提出的问题（见图 3-27）。

注意要点

在任何团队中，总是有一些自以为无所不知的成员，认为别人的问题答案显而易见，阻止记录员记录这些问题。在活动开始之前，活动组织者一定要明确指出，无论问题的答案多么明显，都要记录下来。活动的目的是尽可能全面地收集相关问题，因为一个问题会激发另外的新问题，所以必须详细地记录下来。

谁能从出席会议中获益最大？
在本领域，谁能提出重要的看法？

我们需要的人员如何参会？
我们如何才能按时完成会议策划？

谁？

如何？

是什么？

当前大家最感兴趣的话题是什么？
我们的计划是什么？

吸引更多的
代表参会

何时？

哪里？

为什么？

学校假期是何时？
公共假期是何时？

我们的目标听众在哪里工作？
哪里是适合举办会议的中心位置？

为什么他们会来参加我们的会议？

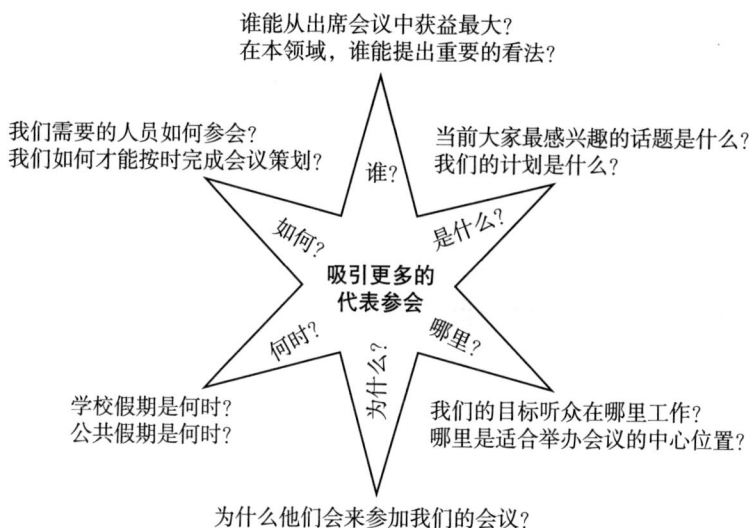

图 3-27 变化后的星耀图示例

　　鼓励参与者一想到问题就记录下来，而不是在想出所有关于"谁"的问题之后，再思考关于"是什么"的问题，只要想到问题，马上说出来，这样就不会遗漏任何问题。参与者也可以随时回头思考此前已经思考过的疑问词。

工具 55　　开放空间

这是一个什么样的工具

　　开放空间适合规模较大的团队协作解决问题，在这个过程中，参与的小组可以主动制定自己的议程。参与者把各自的问题写在公告栏上，然后召开分组活动，活动中对问题进行讨论，提出问题的参与者记录活动中大家的想法。参与者可以自由地加入各组的讨论，针对该组讨论的话题，尽可能多地提供自己的想法，然后前往其他组。

何时使用

- 战略规划。

- 组织设计。

- 需要做出的决策会影响多个职能部门的成员。

需要什么

- 为参与者准备椅子，摆成圆圈。

- 指示活动地点的指示牌。

- 足够举办多个独立小型活动的细分区域或房间。

- 空白墙面，用于公布议程，即议程墙。

- 设立议程墙。

- 纸张，用于写出活动主题或问题。

- 水性笔、铅笔、记号笔。

如何使用

1. 让团队成员围坐成一个圆圈。

2. 给每位参与者发放纸张。

3. 先向参与者表示欢迎，然后介绍整个活动流程。

4. 邀请参与者把自己关心的或者需要解决的问题写在纸上，然后走到圆圈中央，读给团队成员听。

5. 写出并读出自己关心的问题的成员，我们称他们为"召集人"（conveners）。每位召集人把写有问题的纸贴在"议程墙"上，并标明活动的地点和时间。在理想状况下，活动之前应该做好准备，把可以举办小型活动的房间或区域分别写在卡片或标语牌上，然后贴在"议程墙"上。这样召集人可以直接把写有他们问题的纸张贴在写有活动举办地点的卡片或标语牌下方，然后加上活动的开始时间即可。

6. 参与者寻找自己感兴趣的小组活动，记下时间和地点。

7. 召集人开始活动，感兴趣的各方参与其中。

8. 每组指定一名记录员，记录本组的重要观点，然后把本组的报告发布在"议程墙"上。在进行全体活动时，整理各组的报告，并且给出反馈意见。

9. 中间可以安排休息时间，休息之后，各个小组进入总结阶段，针对提出的主要观点，附上行动计划。

10. 所有团队成员再次围坐成一圈，邀请参与者分享对活动中各方观点的评价、自己的深入见解以及协商一致的行动方案。

如果你发现自己在小组会议上无法提出有建设性的意见，或者从小组活动中没有收获，那么你需要遵循"双脚法则"（the Law of Two Feet），转场前往你认为自己能够有所贡献或收获的会场。

开放空间原则

"开放空间"的发明者认为：

- 无论来到活动现场的是谁，都是参与活动的正确人选。

- 无论什么时候开始，都是正确的开始时间。

- 无论会上发生什么，都是唯一可能发生的事情。

- 无论活动何时结束，都是正确的结束时间。

实际上，这些基本原则存在缺陷。在实际操作中，可能会存在时间太短，参会者无法参加他本应出席的所有小组讨论，或者小组讨论会议开始的时间并不适合所有人参加。而第三条和第四条原则认为整个活动的过程和结果存在必然性，这在某种程度上有悖常理。

注意要点

无论在互联网上还是在纸质图书中，都有很多文章讨论主持的艺术。

我们需要注意到，包括"开放空间"在内，有许多方法可以促进大型团队开展讨论，但是它们的创始人使用的语言可能很难被头脑冷静、做事严谨的商业人士接受。例如，在某些方法里称"收集信息"为"收获信息"，称"引导师"为"主持人"，称"参与者选择去往不同的讨论小组"为"双脚法则"。对于部分商界人士来说，这些表述有些超出他们可以接受的范围。如果他们能够跳出语言之外审视开放空间和相关的方法，不难发现，这些方法所蕴含的技巧和原则对于推动大型活动和会议颇有帮助。

对某些人来说，提出这些方法的人使用的语言似乎过于新潮，这就意味着并不是必须采用这些语言。在开展活动前，活动组织者应仔细评估参与者，据此选择活动过程中的用语。

任何重大活动（需要使用本方法的通常都是重大活动）都需要

大量的计划和强有力的、有侧重的引导。如果你此前从未举办过这类活动，请考虑从一开始就寻觅一位外部引导师，与他一同工作，帮助你建立信心，引导未来的活动。

工具 56　　世界咖啡屋

这是一个什么样的工具

世界咖啡屋的设计旨在引导大型会议，给予参会人员平等的话语权，并邀请所有人贡献自己的智慧。

活动中的桌子与咖啡厅里的样式一致，一个小组的成员坐在一张桌子的四周，在固定的时间内讨论问题。每张桌子都安排一位"主持人"。给定时间结束后，小组成员前往其他桌，每桌的主持人向新来的参与者讲述此前小组的讨论内容。新的一轮，可以讨论此前本桌讨论的问题，也可以讨论与之相关的不同问题。重复这个过程，收集所有观点、看法，在全体活动中进行展示，对所有小组给出的解决方案进行排名。

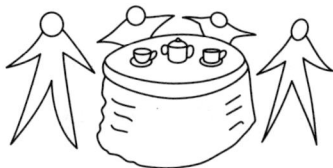

何时使用

- 战略规划。

- 组织设计。

- 需要做出的决策会影响多个职能部门的成员。

需要什么

- 宽敞的空间，布置为咖啡厅或卡巴莱歌舞厅的风格。

- 活动挂图和记号笔（在每张桌上准备活动挂图和记号笔，鼓励人们在讨论的时候写出自己的想法，使得活动效果最佳）。

- 每张桌上准备纸和笔。

如何使用

1. 现场布置：现场通常按照咖啡厅的风格进行布置，摆放可以坐四五个人的小桌。提供纸笔，还可以摆放某个物体，象征发言权（只有拿着它的人才能发言）。每张桌子都配备一位主持人，在整个活动过程中，主持人自始至终坐在同一桌。

2. 欢迎来宾并且介绍活动：活动主持人对所有人表示欢迎，设置讨论场景，描述活动过程。

3. 问题：提出一个与讨论主题有关的问题。

4. 小组讨论回合：围绕问题，进行 3 轮或更多轮次的讨论，每轮讨论时长 20 分钟。每轮 20 分钟时间结束，每桌的成员可以去往其他桌（分散前往其他桌，而不是整组去往其他桌）。当新的参与者到来时，每桌的主持人详述上一组参与者讨论的内容。

5. 问题：每桌可以讨论上一轮讨论过的问题，也可以讨论新的问题，进一步推进上一轮该桌讨论的主题。

6. 收获：整理参与者提出的深刻见地和给出的问题答案，并且在全体活动上进行展示，可以用图表、图形说明，在展板上对各种观点进行分类，以及对各种解决方案分类分级。

世界咖啡屋的操作原则：

- 营造气氛友好的活动环境。

- 探讨的问题对于参与者自身、他们的组织甚至更广泛的范围来说极其重要。

- 鼓励每位参与者都贡献自己的智慧。

- 将不同的人和想法联系起来。

- 一同倾听不同的模式、深刻的见地和更深层次的问题。

- 让群体贡献出知识与智慧。

使用世界咖啡屋和适用于其他大型团队的方法时，很多人认为我们应该"听的时候认真仔细，说的时候有的放矢"。这意味着参与者要认真倾听他人的发言，自己发言的时候要回应他人发言的内容，而不是对别人的发言充耳不闻，不顾他人想法，自说自话。

注意要点

类似于"开放空间"（请参阅工具 55），任何重大活动（需要使用本方法的通常都是重大活动）都需要大量的计划和强有力的、有侧重的引导。如果你此前从未举办过这样的活动，请考虑从一开始就寻觅一位外部引导师，与他密切工作，帮助你建立信心，引导未来的活动。

工具 57　　行动咖啡屋

这是一个什么样的工具

本方法建立在"世界咖啡屋"（请参阅工具 56）和"开放空间"（请参阅工具 55）之上，适用于大型团队协作解决问题，效果极佳。围绕核心主题，参与者提出自己想要讨论的问题。这个工具可以让我们探索问题背后的问题，也可以让我们清楚每个参与解决问题的人需要掌握哪些知识，才能更全面地看待问题，最终推动问题的解决。

何时使用

- 需要迅速从解决问题转向采取行动。

- 战略规划。

- 组织设计。

- 需要做出的决策会影响多个职能部门的成员。

需要什么

- 数把椅子，摆成一圈，每位参与者一把，还需要有数张桌子，每张可供三四人的小组展开活动。如果缺少桌子，参与者可以把摆成圆圈的椅子搬走，选择房间里特定的区域，开展小组活动。

- 活动挂图和记号笔。

- 在活动挂图上画出表格，写出活动安排（见表 3-13），召集人（即提出问题的人）可以在表格中写出自己的问题。

表 3-13　行动咖啡屋之活动安排表

桌号	名字	问题、议题、项目
1		
2		
3		
4		
5		
6		
7		
8		
9		

如何使用

1. 所有人围坐成一圈，了解活动的目的。

2. 参与者默默地思考他们是否有想要探讨的问题。

3. 参与者说出自己想要探讨的问题，并邀请其他人与自己合作，解决问题。没有提出问题的参与者与提出问题的参与者开展合作。

4. 每位有问题需要探讨的参与者起立，陈述自己的问题，并把问题写在活动的议程表上，选择他们分组讨论的桌号。理想情况下，每张桌子都应该有一位主持人，另外有三四名参与者。

5. 展开 3 轮对话，每轮 20 ～ 30 分钟，每轮讨论都需要集中在一个特定的问题上，这个问题是对此前一轮的拓展和深化。两轮之间安排 5 分钟的休息时间。

　　第一轮：这个问题背后存在的问题是什么？除了我们了解到的表面情况，我们需要更深入地发掘，才能更好地理解我们最初提出的问题。

　　第二轮：我们现在没有看到问题的哪些部分？我们需要获得哪些知识才能更全面地看待问题？

　　第三轮：后续步骤和学习到的重要内容。在最后一轮，召集人依旧待在桌旁，而参与小组讨论的成员按序前往其他桌，听取该桌的召集人到目前为止收获的想法，然后提出自己的建议和帮助。主持人和参与者总结、吸收所学，然后采取行动。

6. 围坐成圈，提供反馈。所有人围坐在一起，各桌的主持人讲述本桌的讨论内容以及他们从讨论中得到的收获。如果时间允许，其他人也可以分享他们的活动体验。为了避免在反馈环节形成对话，一些团队会使用"发言象征",它可以是任何物品,只有持有它的人才能发言。对于某些人来说,这可能略显小题大做,但是它的作用在于确保参与者不会相互打断,但是也会使得讨论有些生硬,过于形式化。

注意要点

和此前的两种方法一样,任何重大活动(需要使用本方法的通常都是重大活动)都需要大量的计划和强有力的、有侧重的引导。如果你此前从未举办过这样的活动,请考虑从一开始就寻觅一位外部引导师,与他密切合作,帮助你建立信心,引导未来的活动。

工具 58　　角色扮演 – 退休演讲

这是一个什么样的工具

这是一个角色扮演游戏，让参与者挣脱眼前的束缚，去想象更加美好的未来。

何时使用

- 如果团队正在寻找改进工作方法的途径，这种角色扮演游戏可以提供巨大的帮助。

需要什么

- 较大的活动空间。
- 纸和笔（供各个小组的成员计划自己的角色）。

如何使用

请小组成员思考自己的未来，想象今天是他们退休的日子，在整个职业生涯中，他们营造了环境良好的工作场所，建立了充满活力的工作团队，为组织设计了使用顺畅、效果良好的业务方法和流程（或者任何与团队相关的事情）。

现在，他们必须想象，他们要向加入团队/部门的新人发表演讲，解释他们如此出色的原因。实际上，他们的演讲面向的是整个团队。

如果只是让他们站在现在展望未来，那么他们会感受到种种限制；如果让他们站在理想中的未来，发表观点，那么他们只需"回首往事"，那样可以摆脱各种束缚。各个小组进行准备，然后在全体活动上给其他小组的成员发表演讲，随后全体成员对所有想法排名，根据投票结果对重要的想法进行更深入的探讨，把它们从抽象概念转化为现实行动。

注意要点

这种方法的目的是让大家自由畅想，有时候团队成员会沉迷其中，忽视了现实情况，构想出的未来遥不可及。这既会产生消极的影响，也会产生积极的影响。如果他们构想的未来过于离奇，那么现在和未来之间的鸿沟似乎难以弥合。然而，不受已知的束缚，想象出的未来也会让团队成员开始相信，只要努力，就能改变现状，而平时觉得不切实际的想法中，实际上蕴藏着更加美好的未来。

尝试使用 PMI 方法（请参阅工具 4），更加详细地探讨需要种下怎样的种子，才能长出理想的未来。

| 工具 59 | 辩论说服法 |

这是一个什么样的工具

本工具可以在双方进行争辩时使用，参与者通过身体靠近或远离对方表示同意或者反对。因为活动设定了参与者的立场，他们不能直截了当地维护自己的想法，进行争辩。这就迫使他们迅速地从其他角度看待问题，这样也能激发他们的思维，即使不同意对方的观点，至少也能理解对方并且做出一定程度的让步。

何时使用

- 组织中存在对立两方，简单的讨论或辩论没有得出解决方案。

需要什么

- 宽敞的办公室或会议室，移走桌子。

如何使用

1. 针对如何解决问题，要求两个小组采取截然相反的想法。就活动目
   的而言，两个小组的立场是否反映其想法并不重要。它们的任务是
   从分配给其小组的观点出发，提出合理的论点。

2. 两组各自站成一排，面对而立，位于房间的两边。

3. 任何一位参与者都可以提出观点，说服对方接受本方的观点。

4. 如果参与者听到对方的论点令人信服，他们可以向对立的团队迈出
   一步。

5. 如果一个小组中的大部分成员越过两队距离的中点，第一轮结束。

6. 整个团队一起讨论如何实施获胜的解决方案。

注意要点

对于分配给自己的角色或立场，参与者必须全身心地投入，无
论自己是否支持这个观点。有时，参与者会认为他们被安排到了错
误的小组，所以缺乏提出论点的热情。

如果你感到有参与者反感加入你给他们分配的小组，那么你可能需要按照参与者支持的立场对他们重新进行分组。这样做，有利之处是辩论会非常激烈、精彩，不利之处是这样的分组无法有力地推动双方理解对方的立场。

工具 60　适者生存法

这是一个什么样的工具

进化论的基础是适者生存。本方法旨在深入探讨组织中最强大和最薄弱的环节，衡量应该继续发展哪些领域，应该马上遏止哪些领域。

何时使用

组织的高级决策者与职能部门的领导者一起决定组织未来的方

向时，可以使用这个工具。例如，如果存在下列情况，就可以使用该工具。

- 利润下降。

- 销售量下降。

- 收到的慈善捐款数额下降。

- 组织的名誉遭到损害。

- 有迹象表明，组织的绩效没有达到预期水准。

需要什么

- 每个团队配备活动挂图和记号笔。

如何使用

团队确认自己最强大、最有可能生存的业务领域：

- 团队做好哪些工作，可以确保该项业务的生存？

- 团队如何把最强的业务领域做得更好？

- 对组织的关注主要集中在有限的范围内，导致遗漏了其他重要的领域，这样是否存在危险？

- 组织较弱的领域具体情况如何？

- 组织较弱的领域是否可以加强？还是直接被剔除？

- 支持较弱的领域（在成本、时间、材料等方面）会产生怎样的效果？

- 放弃较弱的领域，后果如何？
- 如果继续强化较强的领域，放弃、削减或终止较弱的领域，那么"日常运营"会发生怎样的变化？

注意要点

使用本方法时，对于参与者的感受你必须极度敏感，因为有些参与者会感到自己的工作领域（可能是他们赖以为生的事业）受到威胁。使用本方法的最佳人选是高层领导者，他们需要把个别部门的利益和个人的一己私利放在一边，完全从组织的全局利益出发，考虑问题。

工具 61　　新闻写作法

这是一个什么样的工具

把大型团队划分为小组，组员把自己想象成调查记者，集中精力，尽可能多地收集相关信息，解决错综复杂的业务问题。

何时使用

- 要解决的问题错综复杂，涉及诸多利益相关者。

需要什么

- 纸和笔。
- 时间（本方法分为两个部分，两部分之间有时间间隔）。

如何使用

1. 参与者人数众多，来自组织不同的层级，把他们随机划分成小组，
   每组的成员来自不同层级。

2. 每组成员都要想象自己处在一个调查记者团队。

3. 小组成员把自己的业务问题用新闻标题的形式写出来，然后完全根
   据现有的信息，不掺杂任何猜测或假设，写一篇相关短文。

4. 在这个过程中，小组成员需要注意多个方面，包括自己到底了解多
   少信息，自己需要知道哪些信息，自己需要与谁沟通等。从这些方
   面考虑业务问题，他们可以制订计划，进一步调查，与利益相关者
   深入沟通，更全面地了解问题，从而找到解决方案。

5. 小组成员应该商讨整个过程所需的时间，然后进行调查，写出完整
   的文章，再次碰头，与所有参与者交流自己的文章，并且讨论自己
   的发现。

注意要点

在第一次活动和第二次活动之间，可能会存在问题，有些小组会写出耸人听闻的文章。究其原因，是因为他们沉迷于自己是记者的假想，而忽视了活动的目的是找到事实、助力解决问题和做出决策。

工具 62　　法庭审理模仿

这是一个什么样的工具

　　这个工具是一个模仿法庭审理的活动，对于问题的解决方案，参与者表示支持或反对，传唤证人，最后，团队评估证据，投票表明支持还是反对解决方案。

何时使用

- 如果组织面临关键性的或复杂的问题，你需要获取多方看法。本方法所需准备时间较长，而且这种方法非常重要，可以帮助我们深入研究重要问题，最终做出一个或多个决定。

需要什么

● 挑选公正无私的人员担任法官。

如何使用

1. 所有利益相关者集中在一起，讨论组织的问题。

2. 开展头脑风暴，思考问题的解决方案，对所有解决方案进行排名，评出最佳方案。

3. 指派一名记录员和一名法官。

4. 将剩下的团队成员分为两组：一组扮演指控方；另一组扮演辩护方。

5. 每组必须指派一名组长，代表小组参与庭审。

6. 指控方必须尽可能多地收集证据，找到解决方案的缺陷，小组指派组内成员作为关键证人，代表本组发言。

7. 辩护方必须尽可能多地收集证据，支撑解决方案，小组指派组内成员作为关键证人，代表本组发言。

8. 模仿法庭审理。

9. 法官要求首席检察官陈述案情，表明反对解决方案的理由（目的是揭示解决方案的缺陷）。指控方可以传唤证人来支持小组的立场。

10. 在法官的要求下，记录员会记录反对解决方案的主要论点，写在活动挂图上，标题为"反对意见"，供所有参与者观看。

11. 首席辩护人陈述案情，表明支持解决方案的理由（目的是强调解决方案的好处）。辩护方可以传唤证人来支持小组的立场。

12. 在法官的要求下，记录员会记录赞同解决方案的主要论点，写在活动挂图上，标题为"赞同意见"，供所有参与者观看。

13. 双方结束案情陈述之后，首席检察官和首席辩护人可以总结自己的观点。

14. 至此，正式庭审告一段落，可以通过"力场分析法"评估证据（请参阅工具 1）。

注意要点

你应确保扮演法官的参与者与"庭审"的最终结果没有利益关联。你可以从不会受到问题直接影响的组织部门招募法官。

工具 63　　龟兔赛跑

这是一个什么样的工具

　　当今世界，速效方案备受推崇，但是，有时候我们也应该冷静下来，思考一下如果我们采取节奏较慢的方案去解决问题，效果如何？在"龟兔赛跑"这种方法中，对比双方一方是直接生效或迅速生效的解决方案，另一方是生效较慢、需要长期工作的解决方案。这种方法的目的是开发一系列包括短期、中期和长期有效的解决方案，以使最终方案更具深度。

何时使用

- 战略规划或业务规划。
- 组织设计。

需要什么

- 两幅活动挂图，数支记号笔。

如何使用

1. 将团队分为两组：一组是"兔子"；另一组是"乌龟"。两组独立工作，针对同一项业务问题，讨论解决方案。

2. "兔子"组必须找到快速奏效、简单易行的方案，迅速地解决问题。针对同样的问题，"乌龟"组必须找到中期方案和长期方案。

3. 在全体活动中，两组要向对方阐述自己的方案，随后在引导师的引导下，全体参与者对两组解决方案的优点和劣势进行讨论，最终可以对方案进行投票、排名，如果可能，可以对方案进行整合。

注意要点

团队中总会有更喜欢默不作声的成员，他们的精巧思维往往会被其他成员的高调强势掩盖，所以你需要一名出色的引导师，避免这种情况发生。

工具 64   画廊

这是一个什么样的工具

极度理智、流程驱动的组织往往通过检验行之有效的分析方法解决问题。"画廊"帮助参与者摆脱左脑型的、纯理性思维方式，充分发挥创造性思维。

何时使用

- 使用常规的标准方案解决问题，无法产生任何新鲜的见解。

- 团队成员极具创造力，但是鲜有机会展现。

- 团队成员缺乏创造力，需要摆脱纯理性、结构化的思维。

需要什么

- 为每位参与者准备纸和笔。

- 空白的墙面，用来展示艺术作品。

- 可重复使用的黏合剂或胶带。

如何使用

1. 陈述需要解决的问题。

2. 在思考问题的时候，参与者勾画出自己脑海中的所有内容。他们可以关注问题的任何方面，以自己喜欢的方式画出来。

3. 在"画廊"中展示他们的作品，参与者相互欣赏画作的时候，可以激发思考，促进他们找到问题的解决方案。

4. 引导师引导讨论，让参与者表达自己参观"画廊"受到启发后，得到的想法和解决办法。

变化

参与者讨论问题或可能的解决方案时，邀请擅长绘画的参与者暂时不要参与讨论，只是聆听，然后画出他在旁听讨论时产生的所有想法，随后向全体成员展示他的画作。参与者研究画作，思考并且讨论由此产生的新想法。

注意要点

通常，活动伊始，许多参与者都表示自己不会画画。你需要向大家表明，活动根本不在乎画作的质量，目的是激发大脑的创造性，对问题产生全新的深入见解。

工具 65　　谚语解决问题法

这是一个什么样的工具

你可以分发给小组成员一些印有谚语的材料，用这些谚语激发他们的思维，思考自己团队或组织内的问题。

何时使用

- 针对组织的问题，团队使用传统方法很难产生新的深刻见解。

需要什么

- 制作活动材料，印出谚语，每位参与者一份。许多网站上有大量谚语可供挑选，选出其中 10 个左右相对容易理解的谚语。

如何使用

1. 编制并且印出数条谚语，可以包含下面几条：

   - 厨子太多烧坏汤。

   - 一知半解，害己误人。

   - 谨言慎行不吃亏，轻率莽撞必后悔。

   - 滚石不生苔，转行不聚财。

2. 把材料分发给参与者，他们可以单独思考，也可以两人或三人一组讨论。

3. 陈述需要解决的问题，要求他们用谚语来激发思维，既可以给出完整的解决方案，也可以仅仅提出正确的问题，在解决最终问题时发挥作用。

例如：

- "厨子太多烧坏汤。"哪个流程中参与人数过多，而实际所需人数较少？

- "一知半解，害己误人。"如果想让团队成员的工作更上一层楼，他们缺乏哪些必备的信息、知识或技能？

- "谨言慎行不吃亏，轻率莽撞必后悔。"在管控风险方面，我们的工作是否得当？健康和安全措施是否得当？在某些领域，我们是不是过于冒险 / 谨慎？

- "滚石不生苔，转行不聚财。"有没有方法能够让我们迅速采取有效的、低风险的行动，领先竞争对手？

注意要点

确保参与者确实理解谚语的意思！

工具 66   破除规则法

这是一个什么样的工具

这个工具可以帮助我们以结构化的方式，重新审视长期以来存在的规则和流程。如果我们此前保留这些规则与流程只是因为这是我们工作的惯常做法，那么这个工具可以帮助我们摒弃这种观点，从全新的角度看待问题。

何时使用

- 在组织内，基本的业务尝试要屈从于官僚作风。
- 业务中许多工作方式属于"我们的惯常做法"，很长时间没有被重新评估。
- 组织的文化官僚气息越来越浓重，纯粹依赖固有流程，认为业务流程只是达到高绩效的手段，没有通过精准细分流程，避免工作混乱。

需要什么

- 纸和笔。

如何使用

1. 每个小组分配一个流程、程序或者组织内的规则。

2. 小组必须清晰地认识到这些流程、程序或规则的根本目的，然后打破它们，用一套简化的规则或总管原则取而代之，以此达到根本目的或解决问题。

3. 在全体活动中，每组陈述自己的想法，团队决定：

   - 新的规则／原则是否效果良好，可以代替原有的规则／原则。

   - 活动中产生的部分想法是否可以整合到原来的规则之中，简化或改进原有规则。

   - 是否实际上并不存在最好的规则，关键并不在于规定工作的所有细节，而是相关人员正直、诚信的品格。

注意要点

　　在参与者改进业务流程的时候，确保他们了解业务流程的背景。如果他们对潜在的业务需求知之甚少，可能会无意间删除业务流程中至关重要的一步。在理想状况下，确保你的团队中拥有业务涉及领域的专家，他们对改善体制和流程持开放的态度，不会因为熟悉这些业务流程或者因为"这就是我们的惯常做法"而袒护有待改进的业务流程。

工具 67　　纪录片

这是一个什么样的工具

团队必须针对有待解决的问题，制作广播或电视"纪录片"，包括陈述问题、相关访谈和可能的解决方案等内容。

何时使用

- 深入探讨商业问题，提出全新的见解。

需要什么

- 足够大的活动场地，可以容纳数个小组分散开展活动，或者具有足够小组分头展开活动的数个房间（每组一间）加上足够全体活动的场地。

如何使用

1. 把全体参与者分为数个小组。

2. 给每个小组分配一个业务问题（各个小组的问题可以是完全不相关的不同问题，也可以是同一个大问题下的各个子问题）。

3. 给小组活动设置时间限制，他们必须制作一部广播或电视"纪录片"，探讨被分配给自己的问题和可能的解决方案。

4. 进行全体活动，每组播放自己的纪录片，其中包含讲解和访谈。

5. 可以采用其他工具，评估或进一步探讨各组提出的解决方案，适当时，投票选出最佳解决方案或者解决方案组合。

注意要点

● 通常，刚开始的时候，参与者会非常抵触这项活动，或者害怕显得非常尴尬、愚蠢（任何涉及角色扮演的方法都会产生这种恐惧感）。

在说明活动内容的时候，要解释清楚活动的关键并不是表演或扮演某个角色，而是以此为媒介，深入探讨某个想法。

- 避免小组中有人爱出风头，抢占主导位置，成为表演中心，却完全忽略了活动解决业务问题的宗旨。

工具 68　　　完美推销

这是一个什么样的工具

使用这个工具，活动将是一个竞争的过程，将参与者划分为若干小组，然后解决相同的问题，随后把其解决方案交给专家小组，由专家小组决定哪一个才是最佳方案。这个工具的灵感来自英国电视节目《龙穴》(*Dragons' Den*)。在节目里，资金充裕的投资者组成专家小组，创业者向专家小组推销自己的产品，从而获得开发和销售产品所需的资金。

何时使用

- 数个小组同时解决一个问题，都认为自己的解决方案是最佳方案。

需要什么

- 纸和笔。

- 为获胜的小组准备小奖品（供选）。

如何使用

1. 组建一个专家小组，成员必须经验丰富，假设每位专家都有大量资金。

2. 每个小组需要解决一个紧迫的业务问题，各组的问题不同，然后每组指派一两名成员向专家小组推销自己的解决方案。

3. 为每个小组的推销设置限制时间（比如 5 分钟）。

4. 针对各个解决方案，专家提出问题，询问推销解决方案的小组成员，如果专家认为方案有过人之处，可以为其投资；如果他们认为方案毫无优势（不值得投资），可以不投资，选择退出。拒绝投资的专家需要解释理由，然后宣布"我对这个项目不感兴趣"。

5. 在全体活动中，可以使用其他方法，进一步探讨获得最高投资金额的解决方案，如何付诸实践。

变化

　　每个小组解决同一个业务问题，然后向专家介绍自己提出的解决方案。专家把手中的"资金"（点数）投给自己满意的方案。获得投资最多的方案付诸实施，并在实践中进一步完善。为"优胜"小组提供一份小奖品。

注意要点

在活动伊始就需要指出，活动的目的是创造可行的解决方案，并不是为了取悦专家小组给他们留下深刻的印象。

第四部分

分享和实施解决方案

分享解决方案

针对需要解决的问题，让许多人参与进来，思考的过程充满创意，产生与问题相关的看法甚至是解决方案，这的确很棒。但是，在获得了这些想法之后，怎么办？怎样才能决定哪些值得实施？

在这一部分，你会了解到：

- 为了解决问题，进行协作式的活动之后，大量收集（有时称为"收获"）想法的方法。
- 对活动产生的想法进行排名、投票，从而确定可以实施的最佳方案。

分享和"收获"的方法

此前我们已经把团队成员分为若干小组，投入时间来解决问题，现在要求各个小组在全体活动上报告自己的想法。下面是从各个小组收集信息的方法。

- 一个小组提出他们的想法，其他组提出这一组没有考虑到的内容。这是迅速获得反馈意见的方法。注意，如果一个小组说出本组所有的想法，其他组的成员可能会觉得这是在浪费时间，因为他们没有机会说出自己的想法。

- 每个小组介绍自己诸多想法中一个关键／重要的观点（"奶皮"一样的精华）。这样，参与者能够感受到自己在活动过程中彼此处于平等地位。需要注意的一点是，如果一个小组介绍的观点是另外一组此前准备介绍的，那么另外一组的成员就会进行私下的（通常会分散注意力的）交谈，这样他们就无法听到其他组的介绍内容。

- 各个小组把自己的想法写在各自小组的活动挂图上；每组可以派一人留守在自己的活动挂图旁；各个小组轮流观看其他组的活动挂图，挂图前留守的组员向来参观的其他组介绍本组的想法。迅速完成这个环节。如果每个组的观点重复，那么这个环节就会变得索然无味。如果每组解决的问题分别是一个主题下面的子问题，那么这个环节效果最佳。

- 各种想法写在活动挂图上，靠墙摆放，现场就像艺术展一样；给小组或个人一定的时间，让他们参观并且仔细思考"展品"，然后进行讨论，选出其中最佳的想法。

- 每个小组说出 3 点他们在活动过程中学到的、决定的、总结的内容。同样，如果他们得到相同的结论，彼此重复会让活动变得无聊。但是，如果你要求每组提出不同的内容，在其他组发言时，有的小组可能会争论本组应该介绍什么内容，而忽视其他组的内容。

- 每组的陈述人有 60 秒的时间来总结他们的想法。对于这个环节的调整灵感源于英国广播公司（BBC）一档名叫《只有一分钟》（*Just a Minute*）的广播比赛节目。在节目中，参赛者要在 60 秒的时间内谈论给定的主题，不能有丝毫犹豫，不能偏离主题，不能重复啰唆。如果犯错，其他参赛者可以毫不留情地指出！我们也可以效仿这个节目，这样的方法会让参与者倍感压力，但是也会让活动更加有趣，保证了大家高度集中注意力。

- 小组陈述他们所有想法中最重要的 3～5 个。同样，这样也会存在各组想法彼此重复，或者组内讨论而忽略了其他组陈述的情况。

- 针对如何完成某项工作，某个小组陈述的方法完全错误，这样其他小组可以学习到正确的方法。

- "最重要的内容是……"以及"最无关紧要的内容是……"

- 小组提出截然对立的观点，以此作为讨论的引子。这样可以确保随后的讨论覆盖全面、内容丰富。

- "禁忌"——不使用指定的关键词，一个小组陈述某个主题，关键词由引导师提前决定。其他小组必须猜出该组描述的主题。

- 可以制作备忘录或总结助记词，帮助其他组的成员记住关键信息。

你可以选择拍下活动挂图，在活动之后分发照片，这样每个人都会感到自己做出了积极贡献，也不会遗漏、丢失那些创造"转变"的想法。

按桌分组，展开竞争

按桌分组，每桌可以有多人、三人、两人，然后展开竞争，要求各组代表投票，选票不能投给本组。举例如下。

- 选出针对问题给出最多答案的小组。

- 选出针对问题给出最佳答案的小组。

- 选出针对问题给出的解决方案最有深度的小组。

- 选出针对问题给出的解决方案最具创造力的小组。

- 选出针对问题给出的解决方案可行性最强的小组。

- 选出率先完成活动任务的小组。

视觉化"收获"

在某些圈子里，从团队中收集想法被称为"收获"。绘画、图表和卡通图案都是收集想法的好方法，经常可以激发进一步的思考：在我们进行讨论和绘画，尝试创新思维的时候，我们的左脑负责理性的一面，而我们的右脑帮助我们产生更多的联想。

收集团队的想法并不需要超群的绘画技术。

窍门

- 举办解决问题的活动时，你可以把活动挂图放在桌上，或者使用纸做成桌布铺在桌面上。鼓励参与者在讨论问题时随手写下或画出自己的想法。通常，这些图像可以激发新的想法。

- 把两三幅活动挂图架依次排开，这样参与者可以同时看到多幅表格或图画，从而抓住重要的想法或观点。

- 询问参与者，是否能够找到喻体来比喻当前讨论的主题，然后以这个喻体作为视觉符号或背景，代表收获的想法。

- 如果其中有绘画水平较高的参与者，可以请一两人，在对话或讨论的时候捕捉想法。

- 使用可视化的方式收获想法，我们只能把这种方式视为信手涂鸦，我们的目的并不是收获美丽的艺术品，而是捕捉想法，而使用可视化的手段会让你思如泉涌。

- 在网上寻找符号，在使用视觉化的方式收获想法的时候，可以使用这些符号。

- 给图片上色，让它们变得丰富多彩，以此吸引参与者的注意力。

排名和投票

针对一个问题，团队已经拿出了多套解决方案，现在，你需要决定哪个或者哪些是最佳方案，可以实施。下面是一些方法，你可以采用这些方法对团队的想法进行投票和排名。

- 举手表决：举手表决是最简单的投票方法。比如，4 个小组已经依次陈述了自己的解决方案，请各个小组成员通过举手的方式依次投票。他们只有一次举手的机会，重要的是，不能投票给自己的小组。

- 是或者否：第二种最简单的投票方法是请所有赞成的人说"是"，反对的人说"否"。这种方法有一个明显的缺陷，如果投票双方势均力敌，可能很难知道哪一边的支持者更多。

- 圆点贴纸（圆形便利贴）：给参与者分发彩色的圆点贴纸，他们手中圆点贴纸的数量是固定的，比如 3 个或 5 个，他们可以为收集得到的想法投票。他们可以按照自己的意愿自由投票，例如，把所有 5 个圆点贴纸投给同一个想法，或者给 5 个想法分别投上一票，或者将 3 个圆点贴纸投给一个想法，将剩下的两个投给另外一个。这种方式能够很好地对想法和解决方案进行排名。它能够让人们亲身参与，贴上自己的圆点贴纸，在接近匿名的情况下投票，也能够确保占据主导地位的参与者在投票中不会拥有比其他参与者更大的影响力。

- 红牌 / 绿牌：给每位参与者一张红牌和一张绿牌。投票是通过举起卡牌来完成的，红色代表"反对"，绿色代表"赞成"。

- 匿名投票：对于敏感问题，你可能需要选用匿名投票的方式。用字母或数字代表每个解决方案。每个参与者在纸条上写出他们喜欢的选项对应的字母或数字，然后放入投票箱中。

- 按字母排名：这是匿名投票的一种变形，对于各组提出的解决方案，每个方案用一个字母代表，让参与者按照喜好顺序从高到低，排出次序，然后上交，进行统计整理。

- 站起 / 坐下：你可以要求参与者站起来，表示对解决方案的支持；或者要求所有人起立，赞成的人保持站立，反对的人坐下。

实施解决方案

你完美地表述了问题，集结了利益相关者的人员组成团队，帮助你解决问题，选择了最为恰当的方法解决问题，并且过程非常顺利。摆在你面前的解决方案是进行变革，涉及系统、过程、工作方法、思维方式、团队甚至是组织结构的变革。只有理想的解决方案是不够的，现在你必须让别人认同你的想法。

虽然本书讨论的主题是如何解决问题，而不是变革管理，但是实施解决方案本身就是一个非常重要的问题，所以让我们一起探讨一下实施解决方案，让其切实奏效的方法。

首先，我们要驳斥一个关于变革管理的谬论，很多人对它深信不疑。这个谬论就是改变曲线，它是描述人们在工作中遇到的变革时所经历的阶段，多年前，变革经理和管理顾问对之奉若圭臬。

最早描述变化曲线的是从事"濒死研究"的专家伊丽莎白·库伯勒－罗斯（Elisabeth Kübler-Ross），她的研究对象是那些被告知自己患有绝症的人。她谈到了知道自己时日不多的人们大致会经历的 5 个情感阶段（否认、愤怒、讨价还价、抑郁和接受）。

重要的一点是，她说并不是所有人都会经历全部 5 个阶段，而且即便是经历 5 个阶段，也不是按照前面提到的顺序经历的。但是，管理顾问对于这点充耳不闻，只是断言如果人们在临终前会经历 5 个阶段（毕竟，死亡是一个巨大的变革……），那么在工作中面临变革的人们势必也会经历同样的阶段。多年以来，我一直与全球最大的两家咨询公司合作，培训面对变革的人员，但是很少看到有人符合这条曲线，除非是他的生计受到威胁。

事实上，如果组织拥有优秀的管理者和领导者，那么任何变革都不会让员工感到惊讶：优秀的管理者和领导者会经常与自己的员工沟通，因此员工会知道组织内正在发生什么。

现实中，人们对于变革会有 5 种反应，前面在介绍为了解决问题需要做的准备时，我们简单地谈到了这 5 种反应，但是它们并不是伊丽莎白·库伯勒–罗斯描述的 5 种反应！现在，我们详述一下这 5 种反应，如图 4-1 所示。

主动接受		被动接受
	漠不关心	
主动抵制		被动抵制

图 4-1　人们面对变革时的 5 种反应

漠不关心：很多人对于变革漠不关心，这部分员工人数众多。他们此前经历过太多类似的事情！变革并不是什么新鲜事，也不是引人注目、充满乐趣的事情。你经常可以听到他们说"随便啦"或"又是这种事情"来表达自己的情绪。

主动接受：员工主动（口头上）表示接受变革，其中的原因有很多，部分原因会令人感到惊讶。比如：

- 他们认为这确实是个好主意。

- 他们也想不到更好的主意。

- 他们认为新的管理方式对自己有利。

- 他们的经理此前所做的工作非常成功，他们相信经理大概这次也会成功。

- 他们是马屁精，同意经理的意见纯粹是出于一己私利。

- 他们信任的同事赞同这次变革，受此影响，他们也表示赞同。

- 他们的大多数朋友认为变革可以接受，同伴的压力对他们造成影响。

从某种意义上讲，是什么促使员工主动接受变革并不重要，他们发出的声音是支持变革的正确声音。他们会发声，支持新的想法。

主动抵制：员工主动（口头上）表示抵制变革，其中的原因很多。比如：

- 他们认为这是个糟糕的主意。

- 他们知道这种方法行不通。他们在企业中工作了很长时间，曾经目睹类似的计划以失败告终。他们的态度并不消极，而是会客观、现实地评估你的解决方案。你需要让他们成为变革的推动者——他们会帮助你实现变革。

- 他们认为新的管理方式对自己不利。

- 他们的经理此前经历过失败，所以他们并不信任自己的经理，上次变革的方案轻率、愚蠢，这次也强不到哪里去。

- 他们信任的同事反对这次变革，受此影响，他们也持反对意见。

- 他们的大多数朋友认为变革存在缺陷，同伴的压力对他们造成影响。

对于这类抵制变革并且准备表达自己想法的员工，你需要根据他们的个人情况，逐个处理。

被动接受：被动接受变革的员工仅仅是在做好本职工作，实施变革。他们不会谈论自己看待变革的态度，但是他们会默默地完成你要求他们做的工作。如果能够让他们发声，表达自己对于变革的支持，那么他们可以影响一些对变革持漠不关心态度的员工，让他们在一定程度上支持变革。

被动抵制：被动抵制变革的员工是变革最大的威胁。在公开场合，他们的表现可能是支持变革，但是在私下，他们不会为实施变革做任何事情甚至可能会轻微地损害变革。你需要根据个人的具体情况，了解驱动他们行为的因素，并且在整个变革过程中处理这些因素。

一旦你注意到每位员工对变革的反应，你就可以计划如何与他们交流沟通。关键在于理解每位员工反应背后的原因，不要指望整个团队对于变革的反应如出一辙。

变革失败的原因

变革失败的原因有很多。下面是简单的几例：

- 变革计划非常愚蠢 / 漏洞百出。
- 变革的主旨是满足组织中某位高层管理者的个人需求。
- 针对变革，各方缺乏沟通。

- 没有清晰地解释变革的背景。

- 变革疲劳——在短时间内进行太多的变革。

- 新变革颠覆了最近刚刚发生的旧变革。

- 变革相关各方此前没有考虑透彻变革会产生的连锁反应，结果变革在其他部门或领域产生了意想不到的结果。

- 变革的实施过程问题严重。

- 变革领导者未能做到"言行一致"，对于变革口惠而实不至，没有证明自己在提倡变革的时候，也在变革自己的工作方式。

- 变革与组织文化格格不入。

- 组织的文化无法支撑变革。

- 缺乏支撑变革的体制和流程。

- 启动错误——变革的实施出现严重问题，必须停止，然后重新开始，因此变革项目失去可信度。

- 变革过程委派由外部人员负责（例如，顾问或承包商），他们对组织的了解不够深入，无法判断工作如何运作，是否奏效。

- 没有咨询合适的咨询对象（那些会受到变革影响的人），或者咨询得太晚了。

- 变革计划在战略层面上是有效的，但是没有考虑到如何实施，或者根据地理、文化、当地需求量身定制变革细节的必要性。

毫无疑问，根据自己的经验，你还能总结出更多失败的理由。在现实中，我们知道如何成功进行变革，而且知道良久，然而遗憾的是，我们从未得到过变革成功所需的时间、支持、预算或自由。

下面是帮助你实施解决方案的部分方法。

- 参与：从变革伊始，就要让受到变革影响或者与变革政策相关的人员参与进来。本书中提到的许多解决问题的工具可以让各个级别的人员参与进来，而不会让资格较老、声音较大、职位较高的人员拥有更大的话语权。他们参与变革过程，实际上剥夺了他们更改变革结果的权利，因为他们也是团队的组成部分，在变革过程中自己也对工作方式表示赞同（将会有许多人目睹他们的表态）。

- 咨询：你提议的变革、解决方案会影响他人，在变革伊始，就要把他们聚在一起，使用力场分析法探索哪些因素可能有助于或妨碍解决方案的实施。这样，这些受到影响的人员就无法再说你没有向他们征询意见。当然，如果你在探索解决方案的过程中就让他们参与进来，他们会更早地丧失抱怨你没有征询他们意见的"权利"。

- 领导者的认可：从变革伊始就得到领导者的认可，可以让领导者参与到解决问题的过程之中，也可以与他们进行合作制定和实施解决方案。

- 时机：注意时机。大家会厌倦频繁地变革。一定要耐心等待，在合适的时机，提出自己关于变革的想法，不要因为你认为变革非常重要，激动之下，一厢情愿地提出变革的想法。

- 背景：串联变革涉及的方方面面。一项工作势在必行，如果人们能够了解其中的根本原因，那么即便他们不支持推动这项工作，至少也不会干涉阻拦。

- **成熟对话**：不要居高临下、颐指气使。通常，进行变革的时候，经理或领导者会摆出一副家长作风，视员工为愚笨的孩童。如果你能够平等对待员工，展开成熟对话，并且保持如此，即便变革的结果难以接受，他们也不会感到措手不及。如果你与员工彼此视为平等的成年人，并且一直如此，解释变革要容易许多。

- **战略转化实践**：切记，战略变革最终必须转化为实践。如果你的职位较高，那么你参与的战略对话，你的员工可能无法参与。员工需要承担你战略决策的后果，但是他们并没有参与战略决策制定的过程，所以他们可能并不理解做出某些决定的原因。你要从实践的角度向他们解释决策原因。提问的时候，你需要先发制人，预先站在员工的立场上从实践角度考虑，比如"从你的工作出发，你是如何理解这个决策的""这个决策在实践中会产生怎样的影响？"

- **计划**：极尽周详地计划解决方案的实施，避免在着手开展工作的时候犯错以及由此导致的可信度损失。

- **淡化**：切记，大多数员工对待变革的态度并不是害怕，而是漠不关心。对于不会对员工和同事产生巨大影响的变革，千万不要过分强调，大惊小怪。变革对于你来说非常重要，但是对于他们来说可能无关紧要。小题大做比起低调行事更容易激起强烈的抵制情绪。

工具 1

Lewin, K. (2013) *The Conceptual Representation and the Measurement of Psychological Forces*. Eastford, Connecticut: Martino Fine Books. Reprint of a book first published in 1938.

工具 2

Adams, M. (2009) *Change Your Questions, Change Your Life*. Oakland, California:Berrett-Koehler Publishers.

Pope, G. (2103) *Questioning Technique Pocketbook*. Alresford: Teachers' Pocketbooks.

工具 4

de Bono, E. (1985) *de Bono's Thinking Course*. London: Ariel Books.

工具 5

de Bono, E. (1985) *de Bono's Thinking Course*. London: Ariel Books.

工具 6

Grant, A.M. (2016) *Originals: How Non-Conformists Move the World*. Viking.

Zeigarnik, B. (1938) *On Finished and Unfinished Tasks: A Source Book of Gestalt Psychology* (pp. 300–314). New York: Harcourt.

工具 9

Buzan, T. (2009) *The Mind Map Book: Unlock Your Creativity, Boost Your Memory, Change Your Life.* London: BBC Active.

工具 10

Yourdon, E. (1978) *Structured Walkthroughs.* New York: Yourdon Press.

工具 12

Delbecq, A.L. and VandeVen, A.H. 'A Group Process Model for Problem Identification and Program Planning', *Journal Of Applied Behavioral Science VII* (July/August 1971), 466–91.

Delbecq, A.L., VandeVen, A.H. and Gustafson, D.H. (1975) *Group Techniques for Program Planners.* Glenview, Illinois: Scott Foresman and Company.

工具 13

GROW 模型被认为区别于约翰·惠特莫尔（John Whitmore）、艾伦·费恩（Alan Fine）和格雷厄姆·亚历山大（Graham Alexander）的观点。很少有人将它作为一种纯粹的解决问题的方法。作为一种辅导工具，它拥有大量的文献。其中最著名的是：

Whitmore, J. (2009) *Coaching for Performance: GROWing Human Potential and Purpose – the Principles and Practice of Coaching and Leadership.* London: Nicholas Brealey Publishing.

工具 16

Cooperrider, D. and Whitney, D.D. (2005) *Appreciative Inquiry: A Positive Revolution in Change.* San Francisco: Berrett-Koehler Publishers.

工具 20

Ishikawa, K. (2012) *Introduction to Quality Control.* London: Chapman & Hall.

工具 21

Deming, W.E. (2000) *Out of the Crisis.* Cambridge, Massachusetts: Mit Press.

工具 24

Covey, S., Merrill, A.R. and Merrill, R.R. (1994) *First Things First: To Live, to Love, to Learn, to Leave a Legacy.* New York: Simon and Schuster.

工具 25

Dalkey, N.C. (1969) 'An Experimental Study of Group Opinion', *Futures,* 1 (5), 408–26.

Dalkey, N.C. (1972) 'The Delphi Method: An Experimental Study of Group Opinion' in Dalkey, N.C., Rourke, D.L., Lewis, R. and Snyder, D. (eds.) *Studies in the Quality of Life: Delphi and Decision-making* (pp. 13–54). Lexington, MA: Lexington Books.

Dalkey, N.C. and Helmer, o. (1963) 'An Experimental Application of the Delphi Method to the Use of Experts', *Management Science,* 9 (3), 458–67.

工具 27

Tanner, K. and Cotton, D. (2006) *Picture This.* Altrincham: Wize-Up Ltd.

工具 28

de Bono, E. (2009) *Lateral Thinking: A Textbook of Creativity.* London: Penguin.

工具 39

Senge, P.M. (2006) *The Fifth Discipline: The Art and Practice of the Learning Organization.* London: Random House Business.

工具 41

Andersen, B., Fagerhaug, T. and Belz, M. (2010) *Root Cause Analysis and*

Improvement in the Healthcare Sector: A Step-by-Step Guide. Milwaukee, Wisconsin: ASQ Quality Press.

工具 42

50minutes.com (2015) *Pareto's Principle: Expand your Business!* 50minutes.com.

工具 45

Cameron, K.S. and Quinn, R.E. (2011) *Diagnosing and Changing Organizational Culture Using the Competing Values Framework.* San Francisco: John Wiley & Sons.

工具 46

这种方法的起源是未知的。我非常感谢开发团队的 Angela Peacock 和 Jeremy Lewis 向我展示了这种技术，并向客户强有力地演示了它。

工具 48

网上有很多关于同伴协助学习的文章，但是大部分的内容都集中在学校的课堂方法上。

工具 49

Butler, L. and Leach, N. (2011) *Action Learning for Change: A Practical Guide for Managers.* Oxford: Management Books 2000 Ltd.

Pedler, M. (2013) *Facilitating Action Learning: A Practitioner's Guide.* Maidenhead: Open University Press.

工具 51

Damelio, R. (2011) *The Basics of Process Mapping.* New York: Productivity Press.

工具 52

Dettmer, H.W. (2003) *Brainpower Networking Using the Crawford Slip Method.*

Bloomington: Trafford.

工具 55

Owen, H. (2008) *Open Space Technology: A User's Guide.* San Francisco: Berrett-Koehler Publishers.

工具 56

Brown, J. and Isaacs, D. (2005) *The World Café: Shaping Our Futures Through Conversations That Matter.* San Francisco: Berrett-Koehler Publishers.